野草离离

角落中的绿色诗篇

王辰　著

张瑜　绘

创于1897　商务印书馆　The Commercial Press

2019年·北京

图书在版编目(CIP)数据

野草离离:角落中的绿色诗篇/王辰著;张瑜绘.—北京:商务印书馆,2015(2019.8重印)
(自然感悟丛书)
ISBN 978-7-100-11504-9

Ⅰ.①野… Ⅱ.①王…②张… Ⅲ.①草类—普及读物 Ⅳ.①S564-49

中国版本图书馆CIP数据核字(2015)第186573号

野 草 离 离
角落中的绿色诗篇
王 辰 著
张 瑜 绘

商 务 印 书 馆 出 版
(北京王府井大街36号 邮政编码100710)
商 务 印 书 馆 发 行
北京新华印刷有限公司印刷
ISBN 978-7-100-11504-9

2015年8月第1版 开本 889×1240 1/32
2019年8月北京第4次印刷 印张 9
定价:48.00元

[前言]

他们如何认识世界

“这是什么花儿啊？”

当你和单纯热爱自然、乐于观察却并未能系统地学习过相关学科知识的朋友同行，当他们恰好知道你在大学读了生物学，上面那一句话，就成了出现频率最高的疑问句。无论行道树还是墙角的野草，无论挂着开业大吉的花篮还是黄昏时枯槁的老人推车贩卖的自家盆花，兴之所至，这个问题便会出现在你的耳畔。若能够回答得出，待你说出那种植物的名字，往往你会听到第二个问题——

“为什么叫这个名字啊？”

第二个问题是尴尬，也是伤痛。我在大学里头，学了四年生物学，又学了三年植物学，专业是植物分类，而最基础的训练，就是识别不同的植物，并将它们按照固有体系，分门别类，归入各个级别的类群里，界门纲目科属种。然而，要回答“某个植物为什么叫这样一个名字”的问题，在教科书里，大约十之八九找不到答案。

有一种折中的办法。如今的植物学，用国际通用的拉丁文双名法作为植物唯一的学名，例如银杏树，它的学名就是*Ginkgo*

biloba，剩下无论是中文的银杏、白果、公孙树、鸭脚树，抑或其他国家其他语言文字的表述，那些名字统统算作邦名、俗名。我们可以通过解读拉丁词语，勉强来解释植物名字的由来——*Ginkgo*指银杏属，*biloba*指二分叉的，银杏的叶子先端经常二分叉，所以叫这个名字。

上述的解答，看似满怀科学性，实则多少有些答非所问的嫌疑。问题原本是：银杏为什么叫银杏，回答则变成了，*Ginkgo biloba*是什么意思。然而当我们自小学到大学，乃至读了研究生，我们所学习到的所谓知识，就只能做如此的解答了。没有课本也没有人，会告诉你银杏这个词语的由来，是“因其形似小杏而核色白”；更不会有人对你说，这名字相传是北宋仁宗皇帝亲口所赐。

我也见到过另一种尴尬。在花团锦簇的公园里头，小女孩问爸爸，芍药为什么叫芍药啊？爸爸说，啊，因为古代的时候，芍药可以当作药材。小女孩蹙眉良久，表情凝重地问：“芍药的‘药’我懂了，可是芍药的‘芍’呢？”相似的尴尬，还有“蜡梅”被许多输入法默认为“腊梅”，大约解释为“腊月开花的梅”极其顺理成章。这些问题，无关衣食住行，可谓小而无用的细枝末节，然而在某些不经意的瞬间，我们会骤然发觉，似乎某个环节缺失了什么东西，那些缺失，在人的心里扬起一条条浅淡的不愉快的涟漪。

大约从20世纪80年代开始，如今风行的教育方式开始大行其道，人们大都难以逃脱。以西方科学为基础构筑起来的教育框架，延伸到高校的教育体系之中，进而延伸到人们的思考问题、认知世界的方式之中——这就是何以我学了七年生物学相关课程，依旧不能解答“某种植物为什么叫某个名字”的根源所在。这种现象，我国自古以来，约莫只有当下最为显著：先秦时的青年男女，就知道“投我以木桃，报之以琼瑶”，秦淮河畔的艺妓，能够详细解读何为“在天愿做比翼鸟，在地愿为连理枝”；至如今，纵然是植物学博士，四体不勤五谷不分的，怕是不在少数。

曾有一次，我去某个学校做讲座，讲古代人们对于植物的看法、命名、传说、历史故事，生物专业出身的教导主任一直铁青着脸，尚未听完，便转身拂袖而去。事后，学校的另一位老师悄悄告诉我：“你讲的那个，我们主任评价说：‘根本不科学！’”我想，如果所谓的“科学”是指西方科学体系下对于世界的认知方式，那么，我说的那些当然不科学。早在这所谓的“科学”出现之前，我说的那些，已然我行我素地存在许久了。

读大学的那些年我并不明了，而后来才渐渐觉得，大学学到的，所谓知识尚在其次，更重要的是学到了一种方法论。一种名为“科学”的方法论。我们用某种方式，去观察、认知、感悟、记录并试图诠释这个世界，如此这般的一种方法论。于是，我天真而单纯地盼望，所谓的“科学”并不是唯一，应当还有其他的方法论存在，这样或者那样，无关乎是非对错。

中国古代的博物学，大约也是这些方法论中的一种。人们用最原本的视角去观察自然，并加以解答，如今看来，那些说法或许怪力乱神，或许白痴弱智，抑或和如今的“科学”恰好不谋而合。我无意评判，只是将这些对于世界的认知方式记录整理，我想，当人们已然对西方科学熟稔于心的时候，遇到类似“为什么叫这个名字”而难以解答的问题时，或许中国古代博物学的视角，会提供更多的选择。

这亦是我编写这套丛书的初衷。如今我们能够见得到太多基于西方科学体系之下的科普读物，而我只是提供另一种可能性，借中国古人的眼光，去诠释身边的自然界，花草树木，鸟兽虫鱼。记得曾在一本小说里读到，倘使青年男女携手走在路边，男子随口便能说得出一草一木的名字，界门纲目科属种，以及相关传奇故事，你的女伴定会作痴呆状，将你尊为神奇的存在。那么，我想，学习过植物分类学的孩子们，或许能做到整个要求的前一半，而我所编写的这套丛书，则希望解决后一半的问题。——因为无论中国古代的博物学也好，西方博物学或者科学也罢，最为原本的初衷，是希望人类的生活更加美好。

所以，这些絮絮叨叨的千百年前的故事，不解决吃喝问题，不涉及工资上涨或住房贷款，只是偶尔能够在人们心中的角落里头，埋下一点点美好的可能性。若如此，那也便足够了。

王辰

癸巳年兰月初九 子夜于京

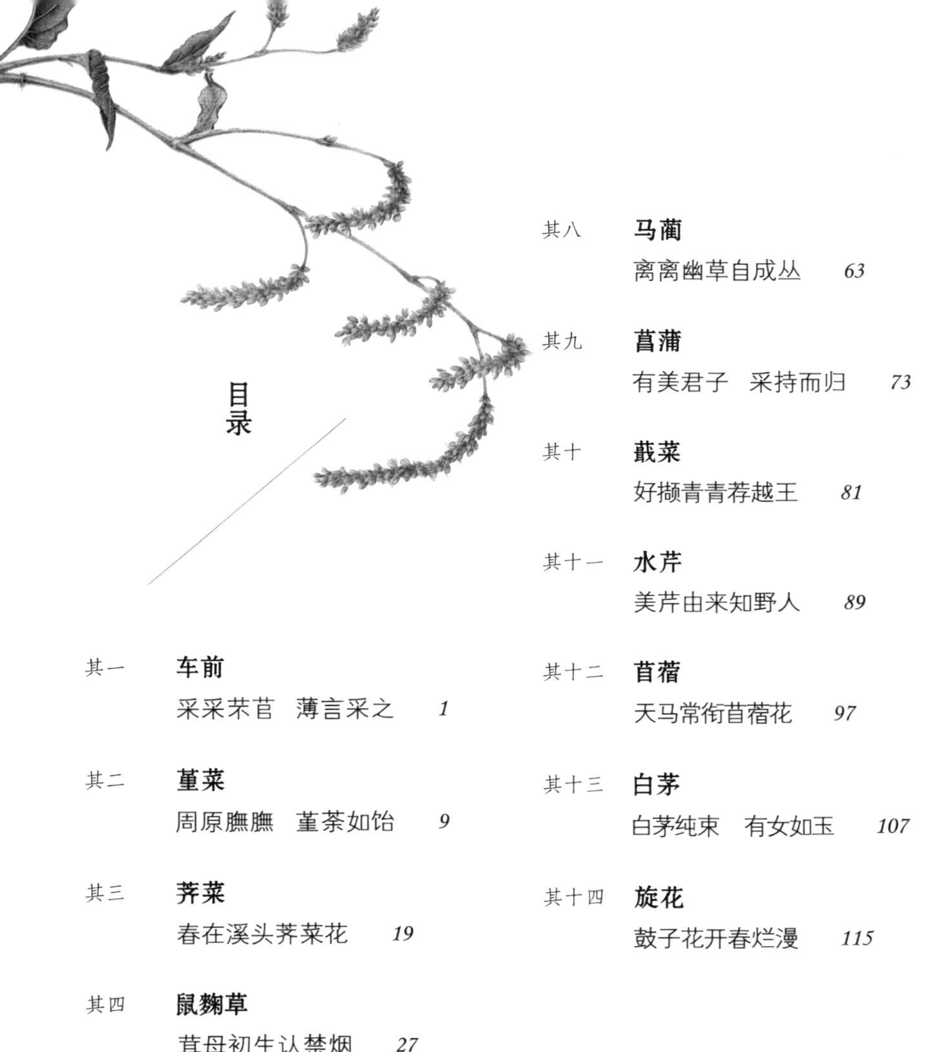

目录

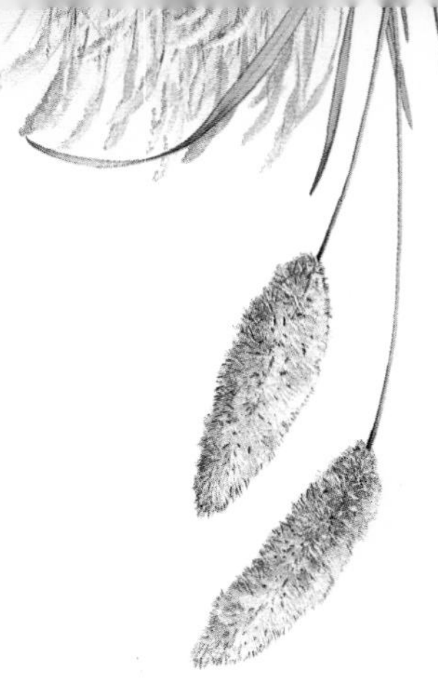

其一

——

车前

——

采采芣苢　薄言采之

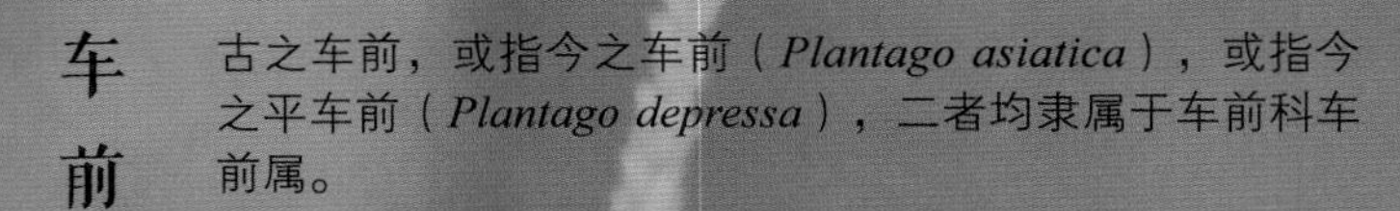

车前

古之车前，或指今之车前（*Plantago asiatica*），或指今之平车前（*Plantago depressa*），二者均隶属于车前科车前属。

今之车前，常作多年生草本，高1–30厘米，根茎短粗，具多数须根；叶基生呈莲座状，纸质，宽卵形至椭圆形，叶脉显著，基部渐狭成叶柄；穗状花序，花序梗基生，花序圆柱状；花萼绿色，4裂，花冠白色，下部合生，上部4裂；雄蕊4枚，伸出，花药白色，雌蕊1枚；蒴果，卵球形。产于我国大部分省区，生于草地、路边、水畔潮湿处。

除车前、平车前外，古人所谓车前，亦指大车前（*Plantago major*）、小车前（*Plantago minuta*）等种类。

车前之叶，聚生若莲座，卵形而具筋骨，花似细棒，生莲座间，摇摇可爱。棒端生数小花，聚若毛刷，产籽无算。车前古名“芣苢”，感春日初雷而生，雷者震也，故而宜男，妇人多采之，以期子嗣众多，宗族兴旺。

不如应是欠西施

春光旖旎，草长莺飞，姑苏灵岩山之上，吴王夫差日日沉醉于馆娃宫中。那馆娃宫铜沟玉槛，饰以珠玉，原本便是为了美女西施游息所建，又有玩花池、玩月池与之相伴。为博美人欢欣，夫差更是遣人在山间栽种了兰蕙香草，并异木奇花，任由西施采撷玩赏。百花丛中，有一水直如流矢，旧名“采香泾”，夫差便在这水畔芳草之间，与西施做起了名唤“斗草”的博戏。既是斗草，自然须以草为器——夫差与西施共在溪边，寻着了几枝纤细窈窕的草枝，各选一段，彼此交叉了，双手分握草枝两端，稍加力气，使两根草枝相互拉扯，若是谁的草枝先断作两截，便算是负了。——这春日斗草之戏，竟令夫差乐此不疲，也无怪唐人刘禹锡有诗讽之：“水通山寺笙歌去，骑过虹桥剑戟随。若共吴王斗百草，不如应是欠西施。”

那所谓的“斗草”，不若后来生出诸多门道，渐变为文人墨客的游乐，辨识花草，述说掌故，吟诗作赋。在夫差与西施那时，全然不见如此繁复的规则——不同于后来的“文斗”，先秦时候的斗草，大约以“武斗”居多，简单明了。所选的草枝，却是有讲究的，古人所用，皆是“芣苢”之草。非止吴宫深苑，民间孩童亦于

图说

无论在草坪、墙根或路边的荒地上，都可见到车前草生长。城市中最常见的种类是平车前，倘使将整个植株拔出土来，就会看到一条粗壮的直根，这是平车前的重要识别特征。清明过去几日，在向阳而肥沃的公园草坪里，平车前已长出穗子般的花絮[上图]，而背阴的荒地上，平车前生长得较迟缓些，仅有贴在地面的一丛叶子[下图]。

春日做此游戏，取了“芣苢”来，彼此较量，相互摩挲拉扯之间，甚至有斗草时的专属歌谣，和以节奏，似口诀一般念念有词：“采采芣苢，薄言采之。采采芣苢，薄言有之。”

芣苢春来盈女手

用作彼此相斗的“芣苢”，便是如今的车前草了。《诗经·周南·芣苢》一节，即为民间有关于车前草的吟唱：“采采芣苢，薄言采之。采采芣苢，薄言有之。采采芣苢，薄言掇之。采采芣苢，薄言捋之。采采芣苢，薄言袺之。采采芣苢，薄言襭之。”然而不同于孩童间的斗草玩乐，这篇悠扬规整的诗歌，却更多地被后人看作妇姑相唤、同去采摘车前草时吟唱的短句。

妇人们钟情于车前草的缘由，北宋陆佃称，车前草籽“善疗孕妇难产及令人有子”。男尊女卑，若其籽有利于诞下男婴，便无怪乎古时妇人们争相采摘。医家以为车前子强阴益精，令人有子，而方术之士却有着另一番堂皇的理由——车前草初生之时，恰逢春雷乍现，故而《神仙服食经》中言，车前子乃“雷之精”，雷者，八卦之震卦也，主“长男”，妇人服食，易怀长男，可保宗族兴旺。

相传《周书·王会》中有言：“芣苢如李，出于西戎。”此后便即传出芣苢之实形如李子，食之宜子孙之说。东晋郭璞为正名实，作有《芣苢赞》：“车前之草，别名芣苢。王会之云，其实如李。名之相乱，在乎疑似。”古时采食李子，亦有助于生男，车前草和李子只因效用相似，竟在形态上也一度为人混淆；或曰车前草叶形似李叶，与果实无涉。幸而先秦时的妇人们认得清车前草，白居易称“芣苢春来盈女手”，因着四海清平，战火不兴，妇人方才希冀生出男婴，于是那偏爱车前草的“采采芣苢”之句，也被看作了国泰民安的象征。

三千余里寄闲人

唐人张籍亦喜爱车前子，偶染眼疾之时，友人遥寄车前子至，张籍感念远赠良药之德，乃作诗记之云：“开州午日车前子，作药人皆道有神。惭愧使君怜病眼，三千余里寄闲人。”彼时以开州所产车前子为良，又须五月采集，不可误天时。李时珍称，前诗所言，足以见车前子可治眼疾，但需与他药相辅。倒是欧阳修真个得益于车前子之药效——欧阳修曾患腹泻暴下之症，虽有国医，而不能治，夫人乃购市井偏方一帖，服之而愈，所用即车前子是也。

然而归根结底，民间百姓对于车前草的喜爱，依旧是因这常见野草可作时蔬。《救荒本草》中详录了车前草之姿态：“春初生苗，叶布地如匙面，累年者长及尺余，又似玉簪叶稍大而薄，叶丛中新撺葶三四茎，作长穗如鼠尾，花甚密，青色微赤，结实如葶苈子，赤黑色。”如此细致的描摹类比，只为令人识别无误，采之而作菜茹。虽自魏晋以来，民间自有食用车前草叶之法，甚至专门栽种了，剪其叶以为食，但每每语焉不详，唯以“今野人犹采食之”记述而已。《救荒本草》却说得细致：采嫩苗叶煠熟，水浸去涎沫，淘净，油盐调食。——如此吃法，至今民间亦有。

图说 大车前分布较广，潮湿处常可见到。在台湾南投县“忘忧森林”林间湿地边[左图]，以及香港长洲岛人为刻意栽植的花盆中[右图]，都有大车前的身影。

牛遗马舄最寻常

车前草因常见于路边车道之间，故而得名。古时驱车，或马或牛，沿路踩踏便溺，于是车前草也随之有了牛遗、马舄、当道等别名，又因近水湿地之中，别有一种车前草叶片硕大，蛤蟆可藏匿其下，又名蛤蟆衣或虾蟆衣。如今不只牛马，城市之间连泥土小径也难寻见，但车前草却常以坚忍不拔之态，于沥青路面的裂痕之中，或石砖相接的缝隙之间，我行我素般拱出头来。今人所谓车前草，按植物分类而言，需辨车前、平车前、小车前、大车前诸类，识别要点之一，便是看地下根系——有径直粗壮的主根，抑或仅有散乱细弱的须根，此乃重要区别特征。于是修习植物课程时，往往将车前草连根拔起观看，但生于缝隙中的植株，却又偏偏不那么容易拔出，于是能否准确识别，便取决于拔草的力道与手法。如今想来，倒是对车前草满怀歉意。

然而人们对于野草又能怀有何等的愧疚之心呢？于我幼年之时，车前草近乎随处可见，也就自然而然成了顽童的玩具。如古人那般斗草，我们倒是从未尝试过——并非不斗草，只是不选车前草罢了，通常选用加拿大杨的叶柄，此游戏称作“拔根儿”——后来听说华中地区，真个有孩子以车前草直挺的花序斗草为乐，我还着实诧异了一下子，心里默念“古之人不余欺也”。相比之下，我们的游乐更加简单：摘下车前草的叶片，叶柄断口处，沿叶脉总能残留一两根甚为坚韧的细丝，将细丝向下拉扯，叶片上端便随牵连而前屈，如点头状。由此之故，小孩子将车前草称作“磕头草”，闲来无事，揪下两片叶子迫使其“磕头”，是大多数孩子都懂得的简易游戏。

如此寻常的野草，反而令我心生倦怠，春日见着一派蓬勃，却也提不起精神，无心驻足观望，不愿高看一眼。直至许多年后，除夕正午时分，我正在归属于香港辖区的一座离岛上游荡，忽而望见人家门口，凌乱摆放的许多花盆之中，有一株硕大康健的车前草——那想必是刻意栽种的，与各色花木的待遇相仿，一株车前草独享整个花盆，于是叶片宽大起来，花序也扬眉吐气一般，硬挺得理直气壮。那一刻我骤然在心里涌出些许酸涩：满眼尽是南国风物，偶见此草，恍若他乡得遇故知。在除夕潮闷湿冷的海风中，我与花盆里的车前草相顾无言，我想起小时候“磕头草”的游戏，却终究未舍得摘一片叶子下来。

其二——堇菜——周原膴膴　堇荼如饴

堇菜

古之堇菜，泛指今之早开堇菜（*Viola prionantha*）等多种堇菜科堇菜属植物。

今之早开堇菜，多年生草本，高3-10厘米，根状茎短粗；叶基生，长圆状卵形至狭卵形，基部稍下延，叶柄略具翅；花单生，花梗基生；萼片绿色，5枚，花冠堇紫色或淡紫色，略呈左右对称，花瓣5枚，不同形；雄蕊内藏，雌蕊内藏或稍伸出；蒴果，长椭圆形，成熟时开裂。产于我国东北、华北、西北、华东等地，生于草地、路边、山坡、房前屋后。

除早开堇菜外，古人所谓堇菜，亦指紫花地丁（*Viola philippica*）、戟叶堇菜（*Viola betonicifolia*）、东北堇菜（*Viola mandshurica*）等种类。

堇菜孟春即生，叶似柳而短，花形似西洋高帽，色紫红，后人谓“堇色”，自堇菜之花始。花后结角，作三杈状，裂后现籽若粟米。堇菜花开一季，繁于四野，然不过立夏，皆倏忽凋亡。旧以堇菜根茎并嫩叶为食，或言味苦，或言味甘，争辩无休。

苦堇有灵定周原

亶父竟然决定向那些蛮夷之辈屈服了？听闻亶父即将退避之讯，豳地百姓无不心怀惴惴。狄人兴兵来犯，亶父居豳，以仁义为治，不忍见兵戎血光，乃至生灵涂炭，故而以皮毛钱币之属，赠予狄人，意欲讲和，岂料狄人不允。复赠犬马牲畜，乃至珠宝美玉，仍不得免。亶父乃悟：“狄人之所欲，吾土地。”哀叹自身失德，不能感化夷狄，亶父决定不兴刀兵，抛弃封地，远走他乡。豳地百姓为其仁德感召，纷纷弃故土随行。

行至岐山，亶父操琴作歌曰：“狄戎侵兮土地移，迁邦邑兮适於岐。烝民不忧兮谁者知，嗟嗟奈何予命遭斯。”岐山之南恰有旷野，平整貌美，亶父众人便在此停歇。但见丛草之间，生出苦堇之苗，撷而烹食，其味甘甜；又有别样野草，名为“苦荼”，其味原本苦涩，然则生于此处者，味亦甚佳。亶父见此地水草肥美，隐隐有灵气，更有堇荼二草味美，似兆天意，更兼占卜得吉，便决意留下。——此处名为“周原”，而后文王武王皆出于此，待武王伐纣，商灭周兴，亶父也被尊为“古公”。《诗经·大雅·绵》即为赞颂亶父之篇，其中有词句曰：“周原膴膴，堇荼如饴。爰始爰

图说 堇菜家族在我国各地都可见到。北京城市草坪中，春季最常见的是早开堇菜[左下图]，常可成片开放[上图]，初夏果实成熟[右下图]。

谋，爰契我龟。”赞颂周原之美貌，苦堇味美，龟卜吉兆，周朝先民才由此定居，继而繁衍开去。

蓼虫不识堇味甘

古公亶父在周原所遇的野菜，其名为堇，今人呼作堇菜。至于此物的味道，却终于成了千古奇案——或曰堇菜之味苦涩而不堪食，或曰甜美滑嫩，古人多以为蔬。《尔雅》中将堇菜称为“苦堇”，于是有人将《诗经》里的词句看作：苦堇与苦荼，这两种野菜原本粗鄙苦涩，难适口腹，然而在周原，纵然如此顽劣的植物，竟也香甜如饴。由此之故，周朝先民所居之地，想必物华天宝，人杰地灵，有神明冥冥之中庇护。甚至本草学家所谓的“堇汁味甘”，也被强解为，此乃古人反语，以甘称苦堇，犹如称良药甘草之味大苦。

南朝刘宋鲍照《代放歌行》诗中有言：“蓼虫避葵堇，习苦不言非。小人自龌龊，安知旷士怀。”蓼者，辛辣之草，蓼虫久以恶草为食，而不知堇菜、葵菜乃甘美之物，犹如小人难解君子胸怀。——此处堇菜暗指君子，其味也与古人长久食用的美味葵菜相提并论，想必应当甜美才是。郭璞注《说文》亦如此描述：“叶如柳，子如米，汋食之滑。”非但可食味美，而且叶和种子的形状，俨然与如今的堇菜相同，郭璞称之为“堇葵”，想来也是因其叶滑如葵的特性之故。

古之堇菜，或曰并非今之堇菜，而是指水芹、紫堇等物，故而有关其味之辩，始终未休。今人所谓的堇菜，我却是实实在在品尝过的——年幼时春日里拎着小铲子，似模似样地帮忙挖野菜，原本需挖荠菜、蒲公英之流，我却将松软泥土中大凡可见的叶子，都挖将回来，自免不了被说教几句。既已采回，家中长辈便不舍得扔掉，可食种类无论味美与否，统统烹制了端上餐桌。那里头就有堇菜，嫩叶如同短小的柳叶，成簇会集于筷子般粗细的根茎之上，吃时根茎已然去除，嫩叶却没有太过特殊的味道，既不似古人夸赞得宛如珍馐，亦不若批驳得那般苦涩难咽。后来我才听说，堇菜是要吃根茎的，洗净蒸熟，味似山药，但这终究无缘尝试了。于是在我的记忆里头，堇菜的味道就是味薄而寡淡的寻常野菜，大约我也如那蓼虫，不识堇菜的妙处吧。

毒物缘何怨堇花

相较于堇菜的滋味，今人想必对堇菜的花朵更为熟悉：春日草地上，似柳叶而狭长的叶子丛中，生出一两朵形态奇异的小花，颜色约莫当算作紫色，却多少偏向些紫红，至于形态，则更加难以用言语形容——正面看去，似装扮作鬼脸的面具，而侧面看来，则像是西方巫师所戴的锥形帽子。因着堇菜之花颜色特异，这种色彩，被古人单独命名为“堇色”。

至于堇菜之名的由来，有人以为，开堇紫色花的野菜，名叫堇菜，端得顺理成章——这却本末倒置了。古人曰“堇”，其字通“谨”，更有“天谨”之说，指突如其来的天灾，堇菜春日发生，生机满满，至若开花结果，不出一个月的工夫，待到初夏，往往兴旺一时之堇菜，已统统消亡不见，恍若天灾所致。故而堇菜之名，

图说 南京紫金山上的心叶堇菜[上图]在惊蛰时已然绽放；西藏林芝海拔四千米的高山草甸上，双花黄堇菜[下图]则要到小暑节气才会开花。

当由其短命特性而来。

倒是自从堇菜之花的颜色被称作堇色之后，多有花色相似的植物，也被冠以“堇”名。先秦时一出知名的陷害案例，就有

图说 新疆阿勒泰地区的湿草地上，夏至时节开放的长蔓堇菜[右图]花形独特，因花色常杂糅，又名杂花堇菜。它与常见栽种的花卉三色堇[左图]相似而植株较娇小。

“堇”参与其间。骊姬为晋献公所宠，为扶其子上位，设计陷害太子申生：申生献肉胙于晋献公，骊姬暗使人“置堇于肉”，而嘱献公勿食，以犬及小内侍试之，食者皆死。晋献公疑太子存有加害之心，意欲诛之，众公子中，唯重耳得以逃脱，周游列国，终平晋乱而成就“春秋五霸”之业。——惹出这一系列故事的起因，藏于肉中的名叫“堇”的毒药，自然并非古人品评滋味的堇菜，而是名为乌头的剧毒之草。乌头花开，绝类堇菜之色，形又略似，故而亦被称作“堇”，其根茎有大毒，虽可入药，却亦是古时常用的杀人毒物。

春花最喜是寻常

堇菜最令人欢愉之处，却并非那悬而未决的味道，也非正人君子的喻义，而是在城市里头，纵使人工草坪四下充斥，钢铁怪兽吐雾吞云，它们也能够顽强地生长，在春风未暖的时节，便早早为荒芜涂抹上星星点点的颜色。——纵使是北方，过了惊蛰节气，在向阳的墙根下或荒草丛中，就有些许堇菜迫不及待一般，伸出新叶，插上堇紫色的小花。约莫半个月之后，尚未返青的草坪，就已是堇菜的天下。

因着极为常见，在春日里又几乎不可能被忽视，堇菜是我幼年时就能认出的少数几种植物之一。那时却只知道是堇菜，区分不清具体的种类，直到许多年后，我才勉强能够分得出，叶子略宽大、开花较早的乃是“早开堇菜”，叶子狭长、花期稍晚的是“紫花地丁”，这两种是城市里最常见的，却又总是相互混淆。至于那些靠名字和叶形对应就能识别得出的“心叶堇菜”“戟叶堇菜”，乃至山间更多的其他种类堇菜，真个一一相见，才知道堇菜的花色其实非只有堇紫色一种，淡粉色、紫红色、蓝紫色、白色甚至黄色，若非识得花朵的独特形态，怕是不敢相认了。

实则尚有另一种堇菜，潜藏在都市许久了，只是人们不将它当作堇菜看待而已。那种堇菜确也生得特异，花朵不似巫师的高帽，更近扁平，颜色也并非单一，而常混着紫色、黄色、白色的诸般色彩，更兼花瓣上的条纹搭配，俨然作一副挤眉弄眼的面庞状，形如脸谱一般。这花卉源自欧洲，本叫作“三色堇”的，却为人们称作“猫脸花”“鬼脸花”抑或“蝴蝶花”。三十年前，这还算作奇特花卉，如今却因大肆栽种，终究沦为了装点街道或花坛布景的寻常之物。

然而在花盆或公园里相见，是一番感悟，真个在野外草丛中遇到，却是别样体味。在新疆阿勒泰的湿草地之间，我忽而望见了迷你版的三色堇，花虽小了许多，却显得精致而不蠢笨，它们躲在草丛里，仿佛窥探的精灵，让人总觉得由某处传来注视的目光。这是种野生的堇菜，和三色堇亲缘较近，名为长蔓堇菜，我国仅于阿勒泰地区方可见到。虽是难得，我却对这堇菜心存芥蒂，觉得那张脸孔之下，仿佛暗藏着什么诡谋。直到同行的朋友摘了眼镜，嘟起嘴，挑高眼角，模仿那堇菜的形态，我才终于笑出了声——不必介怀，它们原本就是精灵，不然何以倏忽而生，又倏忽消散不见的呢？

其三

——

荠菜

——

春在溪头荠菜花

荠菜

古之荠菜，即今之荠（*Capsella bursa-pastoris*），隶属于十字花科荠属。

一年或二年生草本，高7–50厘米，茎直立，有时略被毛；叶基生及茎生，基生叶呈莲座状，常大头羽状分裂，有时仅羽状浅裂或近不裂而具不规则粗锯齿，茎生叶互生，披针形，基部箭形抱茎；总状花序顶生及腋生；萼片绿色，4枚，花瓣白色，4枚，卵形；雄蕊6枚，其中4枚显著，雌蕊1枚；短角果，倒三角形或倒心状三角形，顶端微凹。产于我国各地，生于草丛、路边、山坡、房前屋后。

荠菜生而济济，故以荠名。其叶盘桓于地，或裂如羽，或仅作齿状凹缺，茎生叶丛间，小花雪白如碎米乱琼，皆四出，落而为果，三角状倒生。荠之味美，春日最鲜，真菜中甘甜者也，美可泽人，故比诸君子。

谁谓荼苦　其甘如荠

山村小径春意阑珊，枝头款款新绿，四野点点春花，辛弃疾漫步其间，低首不语，眉宇之间却凝结着挥之不去的心事。曾经纵横沙场的辛弃疾，因主张北伐金兵，收复故土，一雪靖康之耻，为南宋当权宵小所不容，寻个缘由，将他贬黜离京。闲居村野的辛弃疾虽是难得放下肩头重担，却无心享受这绵绵无期的假日，在他心里头，还有家国天下的夙愿未偿。无限苦楚，难以明言，辛弃疾乃作一首描绘村居景致的《鹧鸪天・代人赋》词："陌上柔桑初破芽，东邻蚕种已生些。平冈细草鸣黄犊，斜日寒林点暮鸦。山远近，路横斜，青旗沽酒有人家。城中桃李愁风雨，春在溪头荠菜花。"——这一词作名为"代人赋"，后人却以为，这里原本就埋藏了辛弃疾自身想要表明的心思：城中桃李虽则艳丽，却愁风雨摧残，仿佛红极一时、大权独揽的宵小之徒，禁不得疾风楚雨的侵袭；而志存高远的君子，纵使流落山村野麓，亦不能改其初衷。

这首词的尾句，又有一传世版本曰："春在溪头野荠花。"换作"野"字，更可反衬城中桃李的养尊处优、畏首畏尾，但却失了词句欲言又止的意境。因为这荠菜花，自先秦时起，便用来指代君子，无有野与不野之分。《诗经·邶风·谷风》有言："谁谓荼苦？其甘如荠。宴尔新昏，如兄如弟。"——此处言弃妇追忆往昔：与夫同处，虽苦无怨，纵使味苦之荼，下咽亦甘之如荠；反是如今被夫抛弃之苦，胜荼百倍。荼，野菜中味苦者也；荠，菜中味甘甜者也。于是"荼荠"这一对滋味截然相反的野菜，便被文人用来比喻小人与君子，《离骚》中"故荼荠不同亩兮，兰茝幽而独芳"之句，即用来暗喻君子难以与小人相容。借了古意，辛弃疾自比荠菜花，当是谦谦君子，守正持节，北地光复、炎宋再兴的重任，如同绵延的春意，也落在这一株荠菜花的肩上。未将皇城中的鼠辈径直比作苦荼，总算是辛弃疾也留了好大情面了。

春来荠美忽忘归

以荠菜寄托志向，实是古人常用的手法。安史之乱时，著名宦官高力士随唐玄宗入蜀避难，后太子登基，是为唐肃宗，平乱后尊玄宗为太上皇，然则实权终究旁落。高力士却始终追随玄宗左右，忠心不二。彼时宦官李辅国当权，上媚天子，下欺百官，甚至矫诏欲行大事，以将太上皇去除，亏得高力士竭力回护，方才保得玄宗性命。李辅国自是视高力士作眼中钉，便设计诬陷他欲意谋反，流放至巫州偏远之地。彼时高力士已年逾七旬，身在僻壤，苦度光阴，忽见春日山间荠菜极盛——倘使在京城，这荠菜早已被山民采撷一空，拿到集市上贩卖了。询问土人，乃知此处全无食荠之习俗，高力士感于此事，作诗叹曰："两京作斤卖，五溪无人采。夷夏虽有殊，气味终不改。"诗句以荠菜自比，纵然远离帝京，年老势微，忠于玄宗之心却无半点差别。

高力士诗中所言，两京食荠成风，这亦是民间自古流传而来的。既是堪称菜中最美味者，自然无有弃而不食之理。古人将荠菜或腌制为菹，或作菜羹，别有清香，与他菜皆不相同。因着荠菜唯有春日才可吃到，待花开后，茎叶则老而难咀，不堪采食，故而每逢食荠时节，众人往往趋之若骛。陆游大约算是荠菜的特别拥趸，作有食荠诗数篇，其一曰："日日思归饱蕨薇，春来荠美忽忘归。传夸真欲嫌荼苦，自笑何时得瓠肥。"荠菜之贵，贵在须于春日荒野之间挖将而出，其叶细小，数片不足以充唇齿，因而耗时费力可知。陆游又一首《食荠》言道："采采珍蔬不待畦，中原正味压莼丝。挑根择叶无虚日，直到开花如雪时。"这则是田间采撷荠菜之状，务须赶在花开之前将茎叶采下。

然而荠菜又极廉价，平原旷野之间，不必播种，春日自会生发，高官贵胄虽将之视作鲜美野味，民间土人却也享用得起。宋人陶谷于《清异录》中记曰："俗号虀为百岁羹，言至贫亦可具，虽百岁可长享也。"虀即荠菜是也，无分贫贱，人人皆可食用。民间传有"三月三，荠菜当灵丹"之说，医家称荠菜有明目之效，亦利五脏，故而可作灵丹。更兼惯于肉食者，多食荠菜可清肠胃，因此荠菜又有别称唤作"净肠草"。

薰风洲渚荠花繁

于京城中一家沪上风味的小馆子里头，我恰好耳闻了一段关于荠菜的闲谈——母女对坐，女孩子约莫八九岁模样，望着碗中

图说 早春时节，荠菜由叶丛之中抽出花莛，初生时较短，花也仅开几朵[左图]，小花白色，花瓣4枚[中图]。待到春末，荠菜则早已济济成群，花序高而摇曳，也可见三角形的果实[右图]。

的荠菜鲜肉馄饨，问道："荠菜到底是什么菜啊？""就是一种菜。"母亲答。"那为什么叫荠菜啊？""就起了这个名字，哪有那么多为什么。"母亲微愠道。女孩子识趣地停止了发问，乖乖吃将起来，一时间小馆子里头悄无人声，因了刚刚的对话声分外响亮，想是人们大都听到了，静默的食客们怕是暗自揣度起这个问题的答案。成年人往往用粗暴遮掩自己的无知，孩子的好奇心便如此这般渐渐消磨殆尽，沦为平庸，岁齿渐长，混入人流，恍若猪狗。——这问题，亦是我儿时所疑惑的，虽是二十年后才得以解答，但问题自身却并非诘难，而是确然有迹可循。

李时珍称，"荠生济济，故谓之荠"——荠菜因其春日丛生，众多而繁盛，如同济济一堂之状，乃得其名。王安石诗言"薰风洲渚荠花繁"，此荠花盛开之状，茂密之态，可见一斑。夏纬瑛于《植物名释札记》中，又作别样解释：荠意通"齑"，古意以细切为齑，"荠菜小草，其苗叶多缺裂，荠菜之为名，大概是取其植物小而细碎之义"。虽未定论，亦可作一说，况且古时荠菜又作

“虀”，与细碎齑粉之意略通。

明人王磐所著《野菜谱》中，有荠菜之诗：“荠菜儿，年年有，采之一二遗八九。今年才出土眼中，挑菜人来不停手。而今狼藉已不堪，安得花开三月三？”在我儿时，采撷荠菜委实是这般模样。分明将沟边土坡上的嫩芽挖掘一空，岂料过得十余日，竟星星点点开出细小的白花。那些开花的肥硕荠菜，是如何躲过这一群手持小铲的孩子们疯狂洗劫的呢？如今想来，那种一边玩耍一边挖菜的行径，于长辈看来，没有人在意孩子们究竟采了多少野菜回来，成群结队挥舞着小铲子兴致盎然地一去大半日，将这当作游戏就好，无须担心，亦无须刻意看护，大约也好过如今的孩子们抱着智能手机委顿在家中整日足不出户吧。

不知炎夏昼天长

然而在七八年前，我是十分为挖掘荠菜而愤恨来着。惊蛰时节，我去江南名城公干，得了闲暇，便奔向山脚下的公园——因那里多植了各色花木，我是想去随意拍照的，却恰好遇到春日挖菜大军。其中多是老年人，他们一手持铁铲，一手拎塑料口袋，躬身垂首，双膝半弯，目光炯然，神情凝重，恍若漫步于沙滩上寻觅螺蚌的长脚鸻鹬。荠菜自是主要搜寻对象，兼以挖掘其他几种野菜。最令我惊叹的，是他们竟将整个公园草坪划分出了势力范围，何处至何处乃此人领地，他人若是逾界，先遭冷眼凝视，继而恶语相向。起初我并未在意来着，在某块领地上头逗留，为枝头的春花拍照片，忽然感到身后热辣尖酸的目光，里面带着浓烈而幽怨的恶意。那次经历之后，我曾竭力大肆嚎叫，宣称城市中的野菜不挖为妙——土壤空气与水均遭污染，所生植物亦难以独善其身，所以不吃也罢。当然难以直言的是，见着被老人们扫荡过的草坪，间或有新鲜泥土裸露，不可食的野花草们也或受挖掘连累，或遭踩踏，我是见了这一片狼藉，故而反感之意满溢。

如今我已无意评判关乎采摘野菜的是非，倘使真个能够采之一二，遗之八九，不涸泽而渔，焚林而猎，那也就足矣了。况且在我幼时，说是采挖荠菜，实则倒有一半挖回来的是名为"独行菜"的野草。独行菜之苗与荠菜颇相似，但其草略含辛辣味，根茎尤甚，不若荠菜清香，民间俗呼之为"辣根儿"。稀里糊涂地采将回来，也往往混杂一些吃下了肚，而这独行菜则是种更加顽强的野草，房前屋后，处处有之，之于荠菜，多少有些李代桃僵之意。

倒是除却口腹之欲，荠菜亦有别样乐趣。北宋赞宁《物类相感志》中称："三月三日收荠菜花，置灯檠上，则蚊虫飞蛾不敢近。"故而荠菜又有别名叫作"护生草"，可护众生，释家取其茎作挑灯杖，可辟蚊蛾。我是猜想过来着，大约荠菜之中含着什么物质，经火焚烧，蚊蛾不喜，所以远远趋避。古人点灯，火焰诱昆虫来访，如今则换作电灯，于是我始终也未能尝试荠菜这一特效。每每入夏，蚊虫飞舞，荠菜早已种子尽落，植株枯萎不见，有时春日里还曾惦念着收集一点荠菜，尝试驱虫法门，但这一计划却每年都无疾而终。直至三年之前的盛夏，我在青藏高原的小镇子里见了荠菜——高原苦寒，荠菜生得极晚，故而夏至仍存，然而那一次又仅见了一株，终究舍不得采来，尝试驱虫效用，只不无怜惜地凝望一番罢了。

其四

鼠曲草

茸母初生认禁烟

鼠麴草

古之鼠麴草，或指今之鼠麴草（*Gnaphalium affine*），或指今之秋鼠麴草（*Gnaphalium hypoleucum*），二者均隶属于菊科鼠麴草属。

今之鼠麴草，一年生草本，高10–40厘米，茎直立，被白色厚棉毛；叶互生，匙状倒披针形或倒卵状匙形，基部稍下延，两面被白色棉毛，近无叶柄；头状花序，近无柄，在枝顶密集成伞房花序，总苞钟形，总苞片2–3层，金黄色或柠檬黄色，有光泽；花黄色至淡黄色，小而多数；瘦果，倒卵形或倒卵状圆柱形。产于我国除东北之外大部分省区，生于草丛、旷野、农田中。

鼠麹之叶多茸毛，略似鼠耳之状，又名“茸母”。其花色黄若麹，无瓣而团团，聚于枝头，聊胜于无。寒食清明，鼠麹嫩叶初生，取其汁液和面蒸食，做糕做团，可压时气，今人多不得其法，弃之若荒草，竟致鼠麹年年繁盛。

遥指乡关涕泪涟

沦为阶下囚的宋徽宗，随金人大军缓缓北行。幻想着天降神武将军，大破金兵，或巧舌善辩之士，游说和谈，哪怕割地纳贡也罢，徽宗总还在心底留着一丝期盼，想那些逃向杭州的大宋臣子们，有朝一日接驾南还。水路行舟，徽宗还写下《戏作小词》云：“孟婆孟婆，你做些方便，吹个船儿倒转。”——所谓“孟婆”，宋汴京勾栏语，乃风是也。

然而日益苍凉的北地景致，却渐渐蚕食着徽宗的期许。东风初暖，却吹不散心中彻骨的寒凉，徽宗忽一低头，见了路边刚刚破土未久的嫩草：那小草的叶片满是灰白色茸毛，仿佛戴了银狐裘的披肩。算着时令，已是清明节气，想那汴京的故俗，这草本应是清明寒食的主角才是，触景伤情，徽宗便作短诗曰：“茸母初生认禁烟，无家对景倍凄然。帝城春色谁为主，遥指乡关涕泪涟。”

诗中的“茸母”，就是宋徽宗所见到的小草了。因着叶片上生有茂密的白色茸毛，古人将之看作“万茸之母”。北宋故都汴京民间，每逢春日，人们便会采其嫩芽食用，所谓禁烟，则是言这鼠麹草初生之时，恰逢寒食，烟火不兴。徽宗诗句，追忆故事，言辞

图说　春季鼠麴草的花纵使盛开，也看不到明显的花瓣，只是黄色的一群小球状[上图]。同在春天开放的匙叶鼠麴草[左下图]，褐色的小花更不起眼。夏秋开花的秋鼠麴草[右下图]形态和鼠麴草极为相似，只是花期不同。

工整，意境惨然，却于事无补，最终也未能由囹圄中脱身，只落得客死他乡而已。作个才人真绝代，可怜薄命作君王，晚清词人况周颐作《风入松》词，叹徽宗旧事，言道："瘦金零落霓裳谱，朱弦怨、茸母光阴。"那些茸母、孟婆之语，直惹得后人发一声叹息罢了。

细掐徐闻鼠耳香

古时所谓茸母，如今大名唤作"鼠麴草"，又有"米麴""鼠耳"诸名。李时珍称，麴，言其花黄如麴色，又可和米粉食也，鼠耳，言其叶形如鼠耳，又有白毛蒙茸似之。——其中所谓和米粉食，即是旧时北方寒食习俗，采鼠麴草嫩叶，与米粉同蒸作糕状，其色青绿，正是宋徽宗所忆汴京故事中的时令吃食。实则早在南北朝时，《荆楚岁时记》便有言道："三月初三日，取鼠麴汁蜜和粉，谓之龙舌料，以厌时气。"

时至今日，以鼠麴草汁液和米粉蒸食，于华中、华东民间，依然间或可见。清明寒食，将糯米粉染作青色而制得的青团，有时便是用鼠麴草汁为染色原料。至于浙东，旧时采其嫩叶，去汁作糕，则叫作黄花麦果糕。今人春日所做的清明粑、鼠粬粿等特色食品，无论祭祀神明抑或自食，制法皆大同小异，须用鼠麴草染出绿色才好。非止颜色，医家称鼠麴草可调中益气，去热镇咳，故而以此为食，方可压时气。又兼此草滋味清爽，身怀淡香，有时亦可单独当作野菜食用。唐人皮日休受了野菜宴款待，作诗答谢，称"深挑乍见牛唇液，细掐徐闻鼠耳香"，更是令人不禁垂涎鼠麴草的美味了。

唐人段成式却将鼠麴草称作蚍蜉酒草——岂蚍蜉食此，故有是名耶？虽语焉不详，但倘使于春日清晨遇得几株鼠麴草，见了那嫩叶上的茸毛，因细密绵软而挂满露水，便大约可猜得出“蚍蜉酒”的由来了。惊蛰已过，百虫复苏，非但人们贪恋鼠麴草的美味，连那些虫子，也会将叶片上的晨露，看作玉液琼浆了吧。

两季鼠麴度春秋

明末清初画家陈洪绶，本是江浙人氏，所遗词作《更漏子》描绘的是其故乡风物，其中有言曰：“杭州客，并州况，吴越两山相望。茸母发，豆娘飞，望侬还浙西。”鼠麴草一派生机，正是春日寻常景物。然则原本南北气候风物皆有不同，汴京寒食初生的鼠麴草，在江南却可早两个节气发生，至于岭南，冬日亦可见鼠麴草亭亭临风之姿。古人至南国，见鼠麴草冬春开花，种子掉落，于秋日再度萌芽绽放，故而将之分作“春鼠麴”与“秋鼠麴”两种，并称唯有春鼠麴方可入药，制作时令食品亦可堪用，至于秋鼠麴，则全然不具压时气之效。

实则世间原本便有两种极相似的鼠麴草。春日所生者，大名即是“鼠麴草”，而秋日遍布者，今人称之为“秋鼠麴草”——前者稍矮，后者略高，前者叶片较宽，后者之叶更狭，二者形态原本不易区分，加之所生之地近似，故而难免为古人混淆。我是先在中原见过春季的鼠麴草的，花尚未绽，团团紧簇，恍如静谧而机警的小兽，等待着暖风洋溢的时机。而后在立秋时节的川西高原，我亦如古人那般，将秋鼠麴草误认作了鼠麴草，只觉得纵然生于气短夜寒的高原地带，那叶片也不至于如此吝啬地狭窄，仿佛经火炙烤过一般，边缘紧缩，畏首畏尾，然而植株又伸展得稍长，坚韧却太过急躁的模样。

在追溯古人言语时，我却又偶然得知，今人因着西方拉丁学名更改之故，植物学家们便倡议——或可谓已然决定——将鼠麴草的汉名，改作“拟鼠麴草”。如此一来，仿佛我国再没有鼠麴草可言，那些号作茸母的植物，统统应当叫作“拟鼠麴草”才是。我却有些难以赞同，或多或少，不愿随业界权威志书，舍弃鼠麴草的本名。倘使寰球所用的植物拉丁学名修正，我等自应随之更改，然而中文名称，似是应当保留为佳。在我心底总略带些戏谑地遥想，倘使宋徽宗九泉有知，连他所熟识的草，竟也更改了名字，那诗句就非但是“无家对景倍凄然”，还要“无名对草”才是。

托名何需雪绒花

或许鼠麴草的名字本身，便注定多惹是非吧——如今词典里头，有人又将之称作“雪绒花”。今人所谓“雪绒花”，实乃英文名作Edelweiss之物。因了数十年前的经典电影中的插曲，“雪绒花”方于我国扬名，一度妇孺皆知，名头远远超过鼠麴草了。然而却有人将Edelweiss一词，译作“鼠曲草”，这才有了鼠麴草与“雪绒花”之关联。

究其始作俑者，大约应当归于现代诗人冯至。其代表作《十四行诗》中便有一首《鼠曲草》，称：“我常常想到人的一生，便不由得要向你祈祷，你一丛白茸茸的小草，不曾辜负了一个名称。但你躲避着一切名称，过一个渺小的生活，不辜负高贵和洁白，默默地成就你的死生。”此诗作于1941年，题注中言：“鼠曲草在欧洲几种不同的语言里都称为Edelweiss，源于德语，可译为贵白草。”——许是诗人终究于植物一知半解，Edelweiss自有其名，译名应作“雪绒花”，植物正式名则应译作“火绒草”。所谓火绒，此草多生白毛，燥而易燃，民间多用作引火之物。鼠麴草亦多毛，可作火绒之用，又与火绒草多少相似，然则火绒草生山间，鼠麴草生平原丘陵，原本有别。

当今“雪绒花”大行其道，黄发稚子亦知其名。故而自有人借着前人之误，将错就错，以鼠麴草为“雪绒花”了。我所遭遇过的，则是有人纵然知晓这草应当名为鼠麴草，却坚持要称之为“雪绒花”——“叫什么‘老鼠草’，好恶心的！”人之好恶，波及草木，幸而无从更改它们的枯荣繁衍，只是我却生出一丝好奇：倘使那人吃了鼠麴草制作的青团抑或清明粑，继而得知这是“好恶心的老鼠草”所制，又会作何等表情呢？越想竟越怀了期待。

其五

藜

藜羹自美何待糁

藜

古之藜，以今之藜（*Chenopodium album*）为正，隶属于藜科藜属。

一年生草本，高20–150厘米，茎直立，具条棱，常具绿色或紫红色色条，多分枝；叶互生，菱状卵形至宽披针形，下面多少有粉，边缘具不整齐锯齿；圆锥花序，常排列为穗状或圆锥状；花被绿色，5裂；雄蕊5枚，花药黄色，伸出，雌蕊2柱头；胞果，近卵形。产于我国各地，生于荒地、路旁、田间、房前屋后。

除藜之外，古人所谓藜，亦指灰绿藜（*Chenopodium glaucum*）、小藜（*Chenopodium serotinum*）、杖藜（*Chenopodium giganteum*）等种类。

藜生荒郊，世人弃若野草，唯饥岁取食，味寡淡，不堪入口，故自古窘困者谓之“食藜藿之羹”。藜叶沛沛，似无定形，色灰绿，常具白粉，茎又带紫红色，其花小而色弱，混诸丛草，不为人识。

经营藜藿亦艰辛

定要将孔子截在半路！——陈蔡两国的大夫商议之后，得出一致结论。

名满天下的孔子在列国周游时，或因遭嫉妒中伤，或不满国君穷兵黩武，或不屑与弄权宵小为伍，这才辗转来到了陈蔡两国之间。听说楚昭王已派遣了使者，前来迎接孔子，倘使孔子被委以重任，楚国自此强盛，与之相邻的陈蔡难免受到威胁。由此之故，陈蔡两国大夫才聚而谋之。然而孔子毕竟声名显赫，谁都不肯担了杀天下大贤人的恶名，于是两国便派兵将孔子及其弟子一行人，围困在郊野，不动手杀戮，而等着孔子粮绝饿死。

干粮耗尽，孔子便带领着弟子们，就地采撷野菜为食。将名为“藜藿”的野菜煮制成汤羹，连半粒粟米也见不到，便是这劣食，也须珍惜分享。这野菜彼时只有贫困下贱之人才会采食，滋味寡淡，难以下咽，弟子们难免或大声抱怨，或暗自垂泪，孔子却欣欣然喝下野菜汤，讲道：昔年尧帝就住在简陋的茅草屋中，吃粗粮，喝的也是这藜藿制成的野菜汤羹，那时不是人人羡慕的盛世吗？说罢，孔子慷慨讲经诵歌，身虽窘困，而弦音不绝。

孔子所言三代故事，《韩非子·五蠹》之中记曰：“尧之王天下也，茅茨不翦，采椽不斫，粝粢之食，藜藿之羹。”孔子欲以古时圣贤为标榜，气节不失。后人编纂传奇演义，便为困于陈蔡的孔子，安排了鲜鱼为食——相传夜有异人，披甲持戈，向孔子大咤，子路出战不能取胜，孔子言：“何不探其胁？”子路依言，异人仆地，化作大鲇鱼，众人烹而食之。鲇鱼生泥水中，古时以为腥臊龌龊之物，平日不食——此特性，与藜藿类同。

至于楚王兵至为孔子解围，此乃后话。孔子甘之如饴的藜藿汤羹，也被此后的士大夫们看作清贫困顿却守正持节的象征。陶渊明隐居，衣不遮体，食不果腹，而悠然自得，乃有诗句云：“敝襟不掩肘，藜羹常乏斟。”宋人陈克，经两宋更迭之乱世，虽长于诗文，却投入军旅，不避清贫而赴国难，亦曾有诗自嘲而言志，曰：“顾我从来贫到骨，经营藜藿亦艰辛。”

明年幸强健　拄杖看秋雨

所谓藜藿，实际上是一类植物，今人将它们统称为藜，其下可分数种，俱为寻常野草，贫贱之人方采食之。相比于藜藿的低贱，精美的肉类和粮食则被称为膏粱，古人将“藜藿”与“膏粱”作为一对反义词，分别指代贫贱与富贵。

除却春日初生时嫩叶可食，待到秋日，原本鲜嫩的藜可以长到将近一人高，变成一大丛乱蓬蓬的野草。相传这时选取干燥坚实的枝条，可以制成拐杖。明朝文人李东阳，曾作《咏藜》诗曰：“藜新尚可蒸，藜老亦堪煮。明年幸强健，拄杖看秋雨。”由春日

图说　藜的花极细小，纵使开放，也往往不被人在意。盛开的小花具有5枚绿色的花被裂片，雄蕊伸出，并无鲜艳的花瓣；未开的花蕾则如绿色小球般聚集。

图说　在荒地、河岸常见的尖头叶藜[左图]，夏秋季繁茂，叶子边缘平滑，与大多数其他的藜稍有不同；灰绿藜[右图]在城市中常见，墙脚砖缝中都可滋生，植株带有少许黄色及红褐色。

食叶，至秋日采枝茎为杖，藜之于人，诸般用处于诗中言明。

魏晋时“竹林七贤”之一的山涛，原本隐居山林不问俗务，却被司马师求贤若渴之态所打动——司马师将山涛比作姜子牙，委以高官重任，甚至在得知山涛老母年迈时，亲赐了一根“藜杖”。彼时藜杖被看作子女尽孝道时，应为父母所备的生活用品。司马师此举，是将山涛之母当作自己的生母一般侍奉，也难怪山涛为他死心塌地效命。

古之藜杖究竟何等模样，如今不得而知，现别有一种“杖藜”，其名应循古意而来，秋时可生得一人余高，茎虽不甚直，常偏斜曲折，然与藜杖最是贴合。想来古人并未细分诸藜之种类，杖藜者，藜之近亲，花叶之形亦颇相近。然而纵使高大粗硕，毕竟仍是草枝，稍拄作杖尚可，却禁不得太过沉重的肉身。抑或古人许是将数根藜茎捆绑在一起，又或是并不真个拄着四处闲游，象征意义大于实用价值。——以实用论之，自唐宋以降，藜杖已渐沦为山野村叟手持之物。倒是民间采了大丛藜枝，权充扫帚之用；藜之表亲更有扫帚菜，枝叶致密，扫地尤佳。

野人当年饱藜藿

李时珍称，藜又名“红心灰藋”，因茎具紫红色，又名“胭脂菜”“鹤顶草”。古时方士采石炼丹，将这“鹤顶草”捣烂煮干成粉，或烧为灰粉，可用于提炼硫黄、矾石等矿物，并用于炼制汞和砒霜。至于民间，则将藜俗称为“灰菜”或“灰灰菜”。夏纬瑛于《植物名释札记》中称，藜中多含碱，烧为灰土可用于洗涤衣物，故而民间称之为“灰涤菜”，而后简化为“灰菜”。明朝《野菜谱》中将藜称为“灰条”，曰：“灰条复灰条，采采何辞劳。野人当年饱藜藿，凶岁得此为佳殽。”由于食用藜后，有可能导致皮肤浮肿，甚至出血，所以在饥荒岁月方才以藜为食，平日少人问津。

我却在幼年时，于长辈处学得一段歌谣，称：“灰灰菜，包扁食，拿到街上换酒吃。吃醉打死我老婆，打死老婆可咋过？有钱买个花花女，没钱买个崴拉脚。不会擀，不会烙，簸箩盖上捏窝窝。”——这却定要用中原方言读出，才能够合辙押韵，我也由此始终惦念着用灰灰菜包一次饺子吃。

春日里藜的幼苗，我也常刻意采来，混在野菜的小筐篮里，却每每在洗菜时，便遭大人遗弃，于是莫说是灰灰菜饺子，连藜的味道我也没能尝过。后来偶然发现，藜的叶子上带有些灰白色的粉末，忽而觉得触感像极了蛾子翅膀上的鳞粉，此后我便不再执着于藜的味道，久而久之，终于视其为寻常野草一般了。又过许久，听说食藜可致过敏，因人而异，但终究不食为佳。又闻将藜叶捣烂，涂抹于蚊虫叮咬之处，可作消肿解毒之用；亦可将藜的茎枝烧成灰后，掺水蒸为膏状，涂抹可治瘊子，或用于将痦子点掉。——倘使幼年时便知晓这些，我怕是一定认为那是以毒攻毒，兴许还要小心翼翼地将枝茎烧了，调和成糊状，如评书武侠故事中那般，将这“藜膏”当作腐蚀皮肉的法宝，留待时机适当，去毒害什么大恶人了吧。

贫贱野蔬漫荒郊

古人所谓藜藿，或曰此为二物：藿乃灰藋，色绿而常被灰白色粉；藜乃红心灰藋，茎叶常带紫红色。今人所谓之藜，或带紫红色，或不带，皆为同种，又名白藜，又名灰条银粉菜。纵使城市中已少见土地，或盖以方砖，或植以草坪，藜却依旧年年可见，在楼角路边，墙外篱下，欣欣然生出幼苗，一不在意，就长成高大的一丛。因施工而堆积的荒地土堆上，也是藜的天下，土地干涸得板结龟裂，硕大的藜依旧淡然伫立。

然而我曾有一次，将干旱地上的藜连根拔起，过不多时——约莫只十分钟模样——枝上的叶片便纷纷萎蔫低垂下来。我有些疑惑，这种顽强的野草，可以忍受数日曝晒无雨，离了土壤，竟顷刻也坚持不得。自那时起，我对这俯拾皆是的杂草，多少生出了些许兴趣，也才终于翻阅书籍，得知身边的藜并非一种。除却最寻常的藜，另有植株矮小、叶片略三浅裂的小藜，茎叶常带黄绿色、叶背常为紫色的灰绿藜，叶子全缘而顶端略尖的尖头叶藜。凡此种种，统称为藜亦无不可，却又各不相同。

暑热来临时，办公楼前的草坪因着清理翻新过一通，野生植物统统拔除不见，此后最先冒出头来的，就是灰绿藜。说是说不好，但若看得多了，便能感觉得出它与寻常之藜的微妙区分，大约是茎略曲折，叶片稍狭长，黄绿色及紫红色更为显著。我侧卧在旁边，为其拍照，被日光炙烤许久的石板，热辣辣地紧贴着我的手臂，这姿势又引得旁人围观。人们多是看一眼镜头前面的模特，之后发出失望的叹息声，转身走开，想是这野草终究太过平凡了吧。又过几日，再看这几株灰绿藜，已长到超过两个手掌的高度，诚如《淮南子》中所言："藜藿之生，蝡蝡然日加数寸。"正细看着，听到有人搭讪，问我道："又看这个草呢，这几天长高了不少啊！”——那是办公楼门口的保安大叔，攀谈得知，因着与千篇一律的人工草坪不同，他竟每日都要看这野草几眼。我想，于灰绿藜而言，并不需这番关爱，但于我，于那大叔，这几株野草，却是终日周而复始的平淡之间，一点点鲜活的亮色。

其六

——

紫云英

——

自候风炉煮小巢

紫云英

古之紫云英，即今之紫云英（*Astragalus sinicus*），隶属于豆科黄芪属。

二年生草本，高10-30厘米，茎常匍匐，多分枝，被白色疏柔毛；叶互生，奇数羽状复叶，具7-13枚小叶，小叶倒卵形或椭圆形，下面散生白色柔毛；总状花序，常具5-10朵花，呈伞形，总花梗腋生；花萼绿色，钟状，被白色柔毛，具5齿，花冠常紫红色，有时橙黄色，蝶形；荚果，线状长圆形，稍弯曲，成熟时黑色。产于我国长江流域，生于山坡、水边潮湿处，如今全国各地均可见栽种。

紫云英花似豆，作蝶形，色紫红，灿若云霞，盛放遍野，堪比画卷。其茎蔓延，叶作羽状，嫩时为美味，蜀人呼作“巢菜”，亦可饲牲畜，或堆于埂间以肥田。此草唯春日得见，入夏则化作青泥。

巢菜味美蜀中来

被贬至黄州的苏轼生活困顿苦楚，借了故人情分，方讨来数十亩荒芜旧地。因地位于黄州东坡，苏轼躬耕于此，栽植花木菜蔬，乃自号为“东坡”。——蜀中故人巢元修前来探望，勾起了苏轼对于鲜美野菜的无限向往，甚至迫不及待想要在那东坡菜园里头栽上几畦才好。蜀中有菜，名曰“巢菜”，无须栽种，荒野处处可见，春日采而烹之，在苏轼看来，可谓菜中味极鲜美者。偏偏来访的巢元修，比之苏轼，更嗜食此菜。巢元修曾论这巢菜道：“倘孔北海见，当复云吾家菜耶。”——这却是一则源于《世说新语》的典故：梁国杨氏子，九岁，甚聪慧。孔君平诣其父，父不在，乃呼儿出。为设果，果有杨梅。孔指以示儿曰：“此是君家果。”儿应声答曰：“未闻孔雀是夫子家禽。”只是这故事中的人物乃晋朝人孔坦，字君平，后世亦有流传，称此乃后汉三国北海令孔融之事。——总之巢元修仿古人，孔雀若因了姓孔，便是孔家家禽，巢菜与他巢元修既是同姓，当是自家之菜，故而欣欣然将巢菜更名作了“元修菜”。

图说 紫云英之花一团紫红色[左图]，纵使栽来仅作观赏之用亦无不可，古人所谓的“巢菜”，如今一说即指紫云英。现中文正式名叫作“小巢菜”者[右图]，是紫云英同族表亲，乃野豌豆之属。

苏轼所惦念的，则是巢菜的种子。自离故乡，算来一十五年矣，再未品得巢菜之味，故而巢元修将返蜀地，苏轼特意叮嘱，请他捎来巢菜种子，想要栽种于东坡。为着故人来访，亦是感念巢菜的诸般好处，苏轼乃作《元修菜》长诗一首。“豆荚圆且小，槐芽细而丰”，是赞这巢菜鲜嫩之姿；“是时青裙女，采撷何匆匆”，则乃蜀地村人，春日采摘巢菜之状；烹饪之法，自是“烝之复湘

之，香色蔚其鬵，点酒下盐豉，缕橙芼姜葱”；其味鲜美，竟至“那知鸡与豚，但恐放箸空”，非但可忘鸡肉、猪肉之味，连筷子也舍不得放下。无怪乎苏轼反复嘱托，请将巢菜的种子捎来，此功德无量之事，堪比张骞通西域带回苜蓿种子，亦可比伏波将军马援将薏苡引入中原。当黄州东坡遍植巢菜时，后人见菜而思旧，“长使齐安人，指此说两翁”，定要说起你巢元修与我苏轼的这段往事了吧。

亭亭翘首摇春风

实则这巢菜并非蜀地特产，中原并长江流域皆有，而各地风俗不同，或作野菜，或无人取食，或栽植为田，抑或散诸荒野乃至不甚常见。早在先秦时，《诗经》中亦记有巢菜之事，只是彼时旧名叫作“苕”。《陈风·防有鹊巢》中言道：“防有鹊巢，邛有旨苕。谁侜予美？心焉忉忉。”所谓“旨苕”，乃巢菜之美好貌，然而诗句却在讲述并不美好之事——喜鹊原本在树枝上筑巢，而今却说鹊巢出现在河堤上；巢菜本应生于平坦原野，却说它生于山坡。这些尽是不符实情的谎言，借以讽陈宣公多信谗言，君子心忧。

三国吴人陆玑作《毛诗草木鸟兽虫鱼疏》称：“苕，苕饶也，幽州人谓之翘饶。”《尔雅》中称之为“摇车”，因此草开花时翘起摇动，又有翘摇车、翘摇等别名。李时珍则称，此物“茎叶柔婉，有翘然飘摇之状”。苕也罢，翘饶、翘摇也罢，乃至巢菜之“巢”，读音相近，同物而异名，至于翘首摇动之姿态，当是由聆音而拟字时，兼顾其意而作。

至于巢菜的模样，诸般典籍所载略同，大约是花紫白色，果实似豆而小，茎叶、嫩荚及种子俱可食用。古之野生豆类甚多，巢菜指向何物，今人虽仍各执己见，但我却依了潘富俊先生《诗经植物图鉴》中的看法，认为苕、巢菜、翘摇等名字，最适宜看作如今叫作“紫云英”的豆类植物。

紫云英之名不见经传，夏纬瑛《植物名释札记》中称：古时的炼丹方士认为，矿物云母有五种，举起向着太阳观看，可知其颜色，其中“五色并具而多青者名云英”。紫云英之花色，与云英之矿相似，兼之带有淡紫红色，因此得名。

一盘笼饼是豌巢

自苏东坡以降，文人始知巢菜之名；巢菜之爱，又以陆游为最甚。水色旖旎，日光娇柔，春色刚刚退去，郊野巷陌一片狼藉残红，梅市小镇，陆游行走其间，忽见巢菜临风轻摇。蔓生的枝条，残存的紫红色小花，新生的鲜嫩豆荚，都令陆游倍感亲切。遥想当初在蜀中时，也是一个和暖的春日，陆游饥困，采食野菜度日，所吃的便是巢菜——如今江南富饶，巢菜的美味却无人赏识了。既生感慨，陆游便作《巢菜》之诗：“冷落无人佐客庖，庾郎三九困饥嘲。此行忽似蟆津路，自候风炉煮小巢。”

陆游将当初无菜下厨的窘境，和南北朝时的庾郎做了类比——庾郎名杲之，南齐人，家甚清贫，所食唯有韭菜之类，人戏之曰：“孰言庾郎贫？所食之菜，常有二十七种！”三九二十七，却是借了“三韭”的谐音。巢菜非但可煮作汤羹，陆游追忆蜀中食巢之事，又有诗歌云：“昏昏雾雨暗衡茅，儿女随宜治酒肴，便觉此身如在蜀，一盘笼饼是豌巢。”笼饼者，唐人呼馒头之称谓也；彼时馒头，即今之包子。陆游诗注曰，“蜀中杂彘肉作巢馒头，佳甚”，这则是将巢菜与猪肉作馅，蒸包子为食了。

润随甘泽化　暖作青泥融

因了少年时阅读的文艺作品里头，紫云英的名字间或出现，三字皆带旖旎情怀，最可撩拨懵懂心绪，似裙摆飘摇的少女，又似欧陆乡村风情，很有些日光、青草、浅淡的汗水和甜腻的蜂蜜饼滋味，故而我对这种植物曾无限向往。与紫云英终于相见，却是约莫十年前的事了，少年旧事早已消散一空。清明时节，我乘着颠簸的车子，于中原南行向荆楚之地，翻越大别山时，倚着山脚，见了散乱的梯田。春色柔曼，日光穿过云影，吝惜地洒向田间，那些田地大半都是金色的油菜花，灿若珍宝，而金黄色之间，偶有几块紫红色的田地，如同衬着珍宝的昂贵天鹅绒台布，色彩搭配相得益彰。坐在车子里头，我无论如何想象不出，何种作物有如此色彩。为此，我决定于豫南小驻两日，去寻那紫红色的田地。

几经辗转来到田边，才知道那些紫红色来自酷似豆类的作物：花是豆花，却又不似寻常豆子，花朵并非排列成串，而是数朵小花拥挤地团聚在一起，由一枝花序梗撑起，施施然于微风中摇曳。凝视良久，某个词语自我的记忆深处跃然而出，这个莫不是曾经魂牵梦萦的紫云英么？——然而梦即刻便破碎了，询问村民得知，紫云英之所以成片栽种于田间，一则花开可供蜂采，二则茎叶可为饲料，三则用于育肥田地。如此仙袂飘摇的紫云英，什么饲料，什么育肥，听上去多少有些暴殄天物。

如今的紫云英，纵使可如旧时巢菜一般，作为野菜摆上餐桌，也仅民间偶一为之，难登大雅之堂，甚至远不如豌豆尖为人熟知——明明滋味口感颇为相似。今人栽种紫云英，正因是春日蜜源，才令我得见那幻紫洋溢的花田。花后茎叶，虽可作牲畜饲料，但因时常混入真菌，致使饲料污染霉变，牲畜吃后，可致罹患“翘摇病”——出血性贫血乃至倒毙而死，故而不宜简易堆放储藏。未能及时妥当处理的紫云英，就堆积在田间，沤作绿肥。由此之故，我也才更加乐得将古时所谓的巢菜，与如今的紫云英看作一物——苏东坡诗中有言：“润随甘泽化，暖作青泥融。始终不我负，力与粪壤同。”巢菜的又一般好处，就是能够肥田，效用如同粪水。豆类固然甚多，说到肥力，非紫云英莫属，古今如一。只可惜了我少年时的臆想，那轻盈纤弱的紫衣少女，幻灭而成了田间劳作不息的村妇。又过了三五年，我忽而看到一则蜂蜜广告，清新的田园里头，白衣美人手持紫云英花，那本是极唯美的，我却依稀嗅到了肥泥粪水的味道，暗自发出了喟叹般的笑声。

其七

野豌豆

正向空山赋采薇

野豌豆

古之野豌豆，以今之救荒野豌豆（*Vicia sativa*）为正，隶属于豆科野豌豆属。

一年生或二年生草本，高15–90厘米，茎常斜升或攀缘，被微柔毛；叶互生，偶数羽状复叶，叶轴顶端卷须有2–3分支，具2–7对小叶，小叶长椭圆形或近心形，先端具短尖头，两面被柔毛；花常1–2朵腋生，近无梗；花萼绿色，钟形，外面被柔毛，具5齿，花冠紫红色或红色，蝶形；荚果，线状长圆形。产于我国大部分省区，生于草丛、山坡、田边。

除救荒野豌豆外，古人所谓野豌豆，亦指大花野豌豆（*Vicia bungei*）、广布野豌豆（*Vicia cracca*）、四籽野豌豆（*Vicia tetrasperma*）等种类。

野豌豆之花，紫红如蝶形，枝茎蜿蜒，叶作羽状，先端具卷须，柔若无骨，蔓卷攀爬，巧技天成。花落果生，一如豆荚，嫩亦可食。然野豌豆粗鄙之人所食，人微言轻，故古名曰“薇”。士人以为采薇隐居之意，自伯夷、叔齐而始，然此物含毒，少食无害，多食可夺人性命。

登彼西山　言采其薇

武王伐纣的大军士气激昂，离了西岐，杀奔朝歌，岂料行至首阳山下，只见两位年迈老者，阻于大道正中。众往视之，原是故孤竹君之子：伯夷、叔齐。伯夷、叔齐自认德寡，不肯作孤竹之主，弃国而亡，听闻西伯侯姬昌善养老，乃往投奔。文王既卒，武王承父基业，秣马厉兵，数商纣王罪状而伐之——这在伯夷、叔齐看来，却是大逆不道的行径。伯夷、叔齐于军前厉声言道：“以臣弑君，可谓仁乎？”军士怒，欲杀之，姜子牙却以二人为义士，不可加害，遣人强扶伯夷、叔齐而去，大军遂行。

商纣之乱既平，天下归周。伯夷、叔齐却始终以为武王以臣伐君、以暴易暴，乃不义之举，并深以为耻。为守自身名节，二人毅然登上首阳山隐居，决意不食周粟。山间生有诸般野菜，其中以薇菜为多，于是伯夷、叔齐终日采薇为食，三年之久。周武王听闻此事，使人责之曰：汝二人义不食周粟，岂不闻“普天之下，莫非王土”？首阳山既在周地，山间薇菜，便是周薇，采薇而食，与食周粟何异？伯夷、叔齐二人愤然喟叹，作《采薇歌》：“登彼西山兮，采其薇矣。以暴易暴兮，不知其非矣。神农虞夏忽焉没兮，我安适归矣？于嗟徂兮，命之衰矣！”歌毕，二人竟饿死于山间。

后世文人念伯夷、叔齐之义，便将“采薇”看作不畏权贵而守名节的象征，仕途若遇坎坷，去官而隐于山野，亦以“采薇”自居。辛弃疾作《鹧鸪天·有感》一词，曰：“出处从来自不齐，后车方载太公归。谁知孤竹夷齐子，正向空山赋采薇。黄菊嫩，晚香枝，一般同是采花时。蜂儿辛苦多官府，蝴蝶花间自在飞。”借了伯夷、叔齐采薇的故事，讥讽当权宵小为辛苦蜂儿，为名利奔忙，不知山野间蝴蝶那般问心无愧的自在。南宋亡臣文天祥亦有诗云：“梅花南北路，风雨湿征衣。出岭同谁出？归乡如不归！山河千古在，城郭一时非。饿死真吾志，梦中行采薇。”以伯夷、叔齐不肯归周之气节而自励，纵使采薇于山野之间颇为艰辛，也是其志向所在——文天祥最终虽未因饥馁而死，却为宋廷尽节而亡，一片丹心，却要比伯夷、叔齐更可歌咏，为世人赞。

采薇采薇　薇亦作止

伯夷、叔齐所采之薇，商周时古人虽食，却不以之为美味，多为伧鄙之徒所取，无以果腹，不得已而食之。故王安石释“薇”字之来由，言道：“微贱所食，因谓之薇。”《诗经·小雅·采薇》所述乃周懿王时之事，戍卒不得归期，作歌哀叹。“采薇采薇，薇亦作止。曰归曰归，岁亦莫止。”待土人采薇之时，便是回乡之时，自薇菜刚刚吐露新芽，直到转眼已近岁末，约定的归期，谁来兑现呢？“采薇采薇，薇亦柔止。曰归曰归，心亦忧止。”薇菜之茎已生，柔曼蜿蜒，然而却无人言及归期，故而心忧。“采薇采薇，薇亦刚止。曰归曰归，岁亦阳止。”春日适宜采撷的薇菜，茎叶已然硬挺，如今已是十月隆冬，归期却依旧遥不可及。——卑贱之人采薇作食，困顿疾苦；戍卒之苦虽有不同，然则其意相通。

《诗经·召南·草虫》之中，亦有采薇者：“陟彼南山，言采其薇，未见君子，我心伤悲。亦既见止，亦既觏止，我心则夷。”女子登临山冈，托名采薇，实则眺望情人所在。诗者，民歌也，情之所至乃作歌。后世儒生称此诗是“诸侯大夫行役在外，其妻独居，能以礼自防也”，却不知哪家大夫妻室要去采那卑贱之人取食的薇菜？诗句中的意境，其实像极了如今情窦初开的少女：为着与恋人相会，又要向长辈隐瞒，故而借口去图书馆自习，匆忙外出。虽是托词，却又无限美妙，采薇也罢，买零食也罢，取报纸也罢，古今皆通。

可茹可茹　彼美有薇

伯夷、叔齐采薇的故事，我最先看到的却是白话版本——这要归功于鲁迅先生的《故事新编》了。少年时的语文课上，总以为鲁迅是个枯燥乏味的人物，一脸肃然，满腹牢骚，直至偶然读到《故事新编》，才发现那根本不是一个古板文人的口吻，而是出乎意料地满怀欢乐。其中的《采薇》篇，伯夷、叔齐那首人之将死其鸣也哀的《采薇歌》，被翻译作了新诗：“上那西山呀采它的薇菜，强盗来代强盗呀不知道这的不对。神农虞夏一下子过去了，我又那里去呢？唉唉死罢，命里注定的晦气！”这还不够，鲁迅先生又安排了个人物，叫作小丙君，来编派伯夷、叔齐：“跑到首阳山里来，倒也罢了，可是还要作诗；作诗倒也罢了，可是还要发感慨，不肯安分守己，‘为艺术而艺术’。你瞧，这样的诗，可是有永久性的？”

彼时我也不过十三四岁模样，坐在颠簸的公交车一角，缓慢地环绕半个北京城，手中的那一册《鲁迅全集》被汗水浸湿了封面，生出褶皱。彼时我自然不能明了采薇的深意，不知是该当赞同伯夷、叔齐的迂腐气节，还是哀叹他们那无人喝彩的身后事。我所中意的采薇，竟然是鲁迅先生刻意为这两人安排的全薇宴食谱：薇汤，薇羹，薇酱，清炖薇，原汤焖薇芽，生晒嫩薇叶……虽未吃过，看着这一系列名头，竟让我生出一丝去找一点薇菜来品尝的念头。只可惜那时候不识得薇菜的模样，只知晓菜市场中贩售的，随季节而变化，春有苋菜，夏有黄瓜，秋有青椒，冬有大白菜，从未听说过薇菜的名字。

至于古人，先秦以食薇为困苦，却终究无可改变薇菜自身滋味的清香。到得唐宋，士人不以村居为耻，人间正道，无论贵贱，于是山肴野蔌，易得而滋味甚佳者，一乃蕨菜，一乃薇菜，并称“蕨薇”而受推崇。杜甫怀念故友，作《解闷》之诗云：“今日南湖采薇蕨，何人为觅郑瓜州。”南宋袁去华依十六字令调作《归字谣》曰：“归。随分家山有蕨薇。陶元亮，千载是吾师。”——此皆归山林而食薇者，不以为窘迫。待到明人屠本畯仿古意而歌，则干脆将薇菜的鲜美，与其高洁的品性合而为一了：“可茹可茹，彼美有薇。何以至此，在水之湄。伊谁采之？古也伯夷。”

图说　救荒野豌豆之花或一朵单独，或两朵并生，绽于枝叶之间，花色常娇艳鲜美，细品之下，别有风韵。因花与食用豌豆略似，时常易被人误认。

图说 常见的其他野豌豆种类中，广布野豌豆[右图]可谓名副其实，在我国各地都有分布，山林草地，河滩灌丛，均可生长；在我国北方及华东等地，城市中最常见的野豌豆是大花野豌豆[左下图]，又名“三齿萼野豌豆”，常伏于地面蔓延生长，立夏节气前后结出豆荚般的果实[左上图]。

蔓草有意布阴毒

知道这大名鼎鼎的薇菜竟然就是野豌豆时，我不禁想要惊呼一声。明末清初文人方以智，依前人絮语，于《通雅》中言道：“薇，今野豌豆也。”清人多袭此说，至如今植物学中亦无异议。倘使说到野豌豆，那是我自小就熟识的玩伴了，每逢春日，草地上总有盈盈的一团紫色，是野豌豆开出的花，那时却也不称其为野豌豆，而是叫作“野苜蓿”——苜蓿原是豆类，虽不中亦不远矣。从家门口出发算起，约莫走上半小时，就能到一片旷野，向阳的草坡上，野豌豆蔓延而生，于尚未转绿的枯黄草丛之间，染出散漫的云蒸霞蔚。我喜爱扯下几枝花来，带回家插在瓶子里头，因那天然的紫红色，周遭栽种的花卉无一能够模仿得出。几年之后，那草坡被推得平整了，修建了彼时甚为气势磅礴的立交桥。失了采撷野豌豆的去处，我还曾惆怅过一阵子。

花落之后，野豌豆恢复其本性，真个结出豆荚来。少年时吃过豌豆荚烹制的汤羹，于是隐约觉得，野豌豆的豆荚自当能够取食才是。几个男孩子跑去踢球，不知何故，竟对于草坪边缘的野豌豆生了兴趣，小孩子脾气，为这野草究竟是否可食争执起来。那可是我曾经如此喜爱的野豌豆，怎能说有毒呢？于是半是因了赌气，我摘下鲜嫩的豆荚放入嘴中，青涩之间带着若有似无的甘甜。我自然要摆出一副欢快的模样，恍若咀嚼珍馐美味，却在心里暗自庆幸：这野豌豆看来不至于有毒，滋味也不算太坏。

野豌豆实则种类颇多，古之薇菜，亦难于考证所指何种，只大约是野豌豆一类。我小时候见到的野豌豆，乃华北常见种类，蔓延于地面草丛之间，花朵相较而言是颇大了，一枝上的花数量却不甚多，正式名字叫作“大花野豌豆”，读书时先生却喜爱称其别名作“三齿萼野豌豆”。自我国东北至西南分布最为广泛的种类，名字也甚恰当，叫作“广布野豌豆”，植株攀爬而生，花小而稍密集，入夏始绽。至于中原地区常见的种类，则是一两朵花夹杂在茎叶之间的，名为“救荒野豌豆”——或曰，这一种可能最接近古时所谓的薇菜。

倒是听说野豌豆其实有毒时，在我心里又是一阵惊慌！曾有位喜爱钻研古时植物故事的陈姓前辈，写过一段伯夷、叔齐的死因：人们一般不能接受伯夷、叔齐采薇而食，吃着吃着竟会死去的说法，后来才有了不食周薇饿死之说。或许伯夷、叔齐始终采食野豌豆，并无人刻意责备，他们却终究中毒而死了。野豌豆——特别是救荒野豌豆——实乃慢性毒药，人畜长期大量食用，即会中毒，尤以花期和结实期毒性最大，牛马大肆食入月余毒发，体态消瘦，昏睡衰弱，步履蹒跚，中毒中期转为兴奋，末期则再次出现昏睡。这位前辈甚至列出了关乎毒理的学术论文来，不由得我置疑。“何以古时如此美味的薇菜，如今几乎无人食用了呢？”此言一出，我再无可辩驳，只得全盘接受下来。想起少年时的争论，幸而我只是吃了两个豆荚。

又过数年，因着嗜肉成性，慵懒少行，我渐患了痛风之症，医嘱言曰：禁酒禁豆，禁高汤海鲜。从前我是很喜爱豆类制品的，此后豆浆豆腐，乃至豌豆尖煮的鲜汤，统统成了忌口。一日在外公干，喝了些豆苗汤回来，直觉得脚踝肿胀，似有痛风发作之先兆，满心恐慌之余，我却偶然又想起了伯夷、叔齐那两位惹人哀叹的老者——纵使他们未曾中毒而亡，或许野豌豆吃得多了，也难免罹患痛风，苦不堪言。那归隐山林的采薇之事，终究要担诸般风险，曰归曰归，如今看来，瞻前顾后之余，真个需要多些勇气才好。

其八

——

马蔺

——

离离幽草自成丛

马蔺

古之马蔺，即今之马蔺（*Iris lactea* var. *chinensis*），隶属于鸢尾科鸢尾属。

多年生草本，高5–15厘米，根状茎粗壮，外包有老叶残留叶鞘及毛发状纤维；叶基生，条形或狭剑形，坚韧，基部鞘状；花茎基生，苞片3–5枚，披针形，内含2–4朵花；花浅蓝色、蓝色或蓝紫色，花被上有较深色的条纹，外花被裂片3枚，倒披针形，内花被裂片3枚，狭倒披针形；雄蕊3枚，常内藏；雌蕊1枚，花柱花瓣状；蒴果，长椭圆状柱形。产于我国东北、华北、华中、西北，及华东、西南部分省区，生于荒地、路旁、山坡。

马蔺之花蓝如罗裙，亭亭临风，柔美不可方物。其叶挺立，狭长如燕麦，生于根基之上。根茎并叶皆坚韧，可制刷以洁马身。民间称之以马莲、马兰诸名，虽杂草，俯拾可见，然春日花开，别有趣味，世人不厌，故繁茂于道边。

过眼儿童采撷空

春意融融，山野人家的小孩子们，正三五结队，聚于山坡田埂之间，携了筐子采撷野菜。有两位儒生打扮的青年士子，借春色旖旎，出游览景，正见着那一群农家菜蔬园圃之畔，为野菜而忙碌的稚子。“兄台可知孩童所采何物？”青年半是闲谈地问道。“贤弟不闻‘马兰’之名乎？此春日美味，江南之人莫不嗜食。”听了这答复，发问者竟一阵默然，而后缓缓叹曰：“人人尽说江南好，‘马兰’野草，韧而寡味，岂堪为食？”二人行至田边，只见小孩子筐中的野菜，叶宽色美，娇嫩清鲜，含珠带露，惹人垂涎。发问的青年大摇其头曰：“兄误矣！此物岂‘马兰’乎？需知那‘马兰’叶狭如带，济济成丛，花未绽时，与燕麦略同。非此物也！”——两士子正为野菜之名实争辩不已，却听得身后中年男子之声道：“君可是北地生人耶？”

发问者正是陆游。身为江南人氏，陆游自然识得那野菜，又因着见多识广，方猜出了两位青年疑惑之所在。“此物味美可啖，俗呼‘马兰头’，春日采撷，至若初夏，茎长花绽，草之名确是‘马兰’。”陆游言道，“君生北地，初至江南，自然不识此物。北人所谓‘马兰’，别有一种，与此不同，即君言似燕麦者是也。”南北二地，虽同有名为“马兰”的植物，但实不相同，故而彼此混淆。陆游欣欣然将此事写入诗句，云：“离离幽草自成丛，过眼儿童采撷空。不知马兰入晨俎，何似燕麦摇春风。”

两般马兰不相通

江南马兰，嫩时可作野菜，花开似菊，其色内黄外青，今人依旧呼之为马兰。北地马兰，叶狭而硬，似窄带，至花开时，却如罗裙翻覆，颇可堪玩赏——如今之名，实作“马蔺”，与鸢尾花同类。马蔺未见花绽时，叶细而混生，极类杂草，无怪陆游诗句将其比作燕麦；又因马蔺于北地易生，村前巷尾，田边路旁，无须管护便可年年繁茂，故而可谓常见野花。马蔺之名，民间呼作马兰、马莲，音甚近似。

在我童年时，所谓的“马莲”名声极噪——小孩子经年累月进行一种叫作“跳皮筋儿”的游戏，将伸缩性良好的橡皮筋或绕树干，或绕同伴双腿，使之并行为两根，离地或数寸，或尺余，跳法却有诸般花样，或以脚踩，或于绳间翻越，或边行进边钩挂连环，好不热闹。其中一种玩法，需边念歌谣，边以特定动作跳将起来，歌谣曰：“小皮球，香蕉梨，马莲开花二十一。二八二五六，二八二五七，二八二九三十一。三八三五六，三八三五七，三八三九四十一。”如若未跳错动作，便一直跳将下去，直至跳到一百零一。因了每次起始，都要说到“马莲开花二十一”，故而彼时马莲花的名字，在孩子之中可谓人人皆知。纵使跳皮筋儿多为女孩子所偏爱，男生稍长大些，便不屑于这种灵巧细致却毫无气势的游乐，但耳濡目染，跳的方法和口诀总还是知道的。

偏巧那时又有一部近乎家喻户晓的话剧，经典台词便是：“马兰花，马兰花，风吹雨打都不怕。”两相映衬，孩子们很是对这马兰花（抑或马莲花）心怀向往的。那可是如同宝莲灯一般的神奇存在？还是如同观世音菩萨手中润泽万物的杨柳枝？一个春日，我在楼宇初兴的小区边缘，留着几户正南朝向的平房门前，见了好大一丛马蔺。听长辈讲，那即是马莲花了，只记得花朵是淡蓝色的，说精巧自也精巧，但却未见着什么神力。既然号称风吹雨打都不怕，我就偏偏赶在一场春雨之后，再去看那些花——几朵花略残破了，但植株依旧繁盛，新蕾也即将绽放，委实与风雨过后落红遍地的桃花不同。只是它的花朵并不足够多，数来数去，每一小丛也无非十余朵罢了——我曾以为跳皮筋儿的口诀，是夸赞这马莲花开花时，花朵多得难以数清，仿佛卢沟桥上的石狮子一般。

直至许多年后，再度谈起旧的童年，说到跳皮筋儿，在南方长大的朋友说，依稀有一点点印象，但所谓的“马莲开花二十一”，他们却一直当作是可以吃的马兰花来着。从未置疑过，因那马兰花盛开时，也是漫山遍野，星星点点，至于北方人所谓的马蔺，则全然不在考虑范围之内。

荔挺生来元不死

马蔺之名，初时也确与马兰无干——非只马兰，此草最初得

图说 马蔺花未开时，植株仅有狭长的叶片，似老韭一丛，混杂草丛之间，无人问津，待花挺立而出，方才为这“韭叶”添了色彩[上图]。马蔺之花结构颇精巧，花被片形如蓝色花瓣，三大三小，俯视之下宛如雪花[下图]。

图说　马蔺果实秋季成熟，初冬依旧挺立[左图]，但叶子却会随冬寒而凋敝，需待来年春日方又破土重出。自华中始，向南均常见的野花马兰[右图]，即野菜“马兰头”，一说民间所谓的马兰、马莲所指乃为此物，并非马蔺。

名，全然与“马”无涉，而被古人称作“荔”。《礼记·月令》中言道：“仲冬荔挺出。”因了马蔺初生，坚挺有力，故而得名为“荔”，又作“荔草”，果实叫“荔实”，而后音讹为“蠡实”，入药可祛寒热，医家多用，故《本草纲目》中并无马蔺之名，却可在“蠡实”条下寻得。

至于马蔺与“马”的关联，则有如下两般说法：一说马蔺之根刚硬坚韧，可作马刷，故而荔草别名“马帚”；一说马蔺植株似薤而粗大，古人命名植物，多以“牛”“马”等牲畜之名指大，“鼠”“雀”等野物之名指小，因此荔草似薤而大，乃名“马薤”。总之荔草变作了“马荔”，读音又渐渐转作了马蔺、马兰、马莲。——更何况马蔺之花，形与兰花略似，色又淡蓝，古人亦将其视作似兰花草而大者，愈发有理由称之为马兰。清人所编《草木典》中，绘有马兰花之图，与今之马蔺无异。

马蔺之根既坚实，古人便将其栽种于河岸，用以固堤坝，此法如今仍可通行。自少年时周遭大兴土木，我就未能常见马蔺，只偶尔在山村中匆匆与之擦肩，直至三五年前，忽而河岸沟渠两侧，凭空冒出许多马蔺来。想是园林绿化者终于得了高人指点，知这马蔺可固堤岸，又是本土物种，无须管护，故而趁着东风未暖，冻土稍融，便急匆匆地栽种了如此之多。此后于我家不远处的河岸边，马蔺之花年年繁盛，秋日里我也曾专程去看它的果实，略呈柱状，其内多黑子如牵牛子。南宋吴潜诗言“荔挺生来元不死”，京城之冬虽不甚严酷，比之中原却终究更冷些，所谓的仲冬之月，无论如何看不到所谓的“荔挺生”，只根茎蛰伏于地下，静候暖风。需等到春分时节，草木萌动，马蔺新叶才悠悠破土。

曾共马兰同请客

明人吴宽作《马蔺草》一诗："薿薿叶如许，丰草名可当。花开类兰蕙，嗅之却无香。不为人所贵，独取其根长。为帚或为拂，用之材亦良。根长既入土，多种河岸旁。岸崩始不善，兰蕙亦寻常。"——马蔺之于古人，马帚也，固堤之草也，虽则貌似兰蕙，既无幽香，便失高洁品性，不入花谱，而作野草看待。

倘使将马蔺比作女子，身着蓝裙，应是出身寻常百姓家中，不若大家闺秀通晓琴棋书画，却可操持家事，打理柴米油盐。唐人卢仝作《马兰请客》一诗，所书即是如此这般的女子："兰兰是小草，不怕郎君骂。愿得随君行，暂到嵩山下。"虽不出众，亦寄深情，愿随君远赴天涯，但这般质朴的情意，却未必得到回应，正如古人不懂得欣赏马蔺花的妙处，卢仝又一首《客请马兰》言道："嵩山未必怜兰兰，兰兰已受郎君恩。不须刷帚跳踪走，只拟兰郎出其门。"马蔺的这番真心，总算为后世文人所惦念，宋人李洪作诗，赞窗外一园修竹，刚正持节，称其"曾共马兰同请客"，不需垂问回报，只消无愧本心就好。

我却做过一次愧对马蔺的勾当。尚在读大学时，春日去山间游历，见向阳坡头有一丛马蔺，彼时顽劣之心未退，竟以随身多功能军刀，将那马蔺挖掘而出，想要移栽回去。原本是寻常野花来着，故而并未怜惜，根系深沉庞杂，我便粗暴地纷纷斩断。待挖出大半，我才瞥见坡地上隐隐有田畦痕迹，又见菠菜、葱蒜之类，再看马蔺，平齐的不远处亦有几丛。推算开来，大约是村人开垦的小田，栽了马蔺，以映春色。因我原本热爱植花种草，颇知艰辛，心里骤然涌起负罪感，好似是在别人田里，偷窃了名花仙草一般。那株挖将回来的马蔺，也终因根系损伤太过，未能存活。后来几次动过心思，想要栽种些马蔺，却始终没能在适当时机觅得其苗，至今冬，才总算记得采了百余枚马蔺的种子，想着，以种子栽种，自幼苗至苗壮，宛如目视那身着蓝裙的少女日渐丰腴，应是又一般趣味。我亦可如卢仝那般，称马蔺作“兰兰”，只是花开之时，我却想必舍不得将其远嫁到嵩山脚下了。

其九

菖蒲

有美君子　采持而归

菖蒲

古之菖蒲，或指今之菖蒲（*Acorus calamus*），或指今之石菖蒲（*Acorus tatarinowii*），二者均隶属于天南星科菖蒲属。

今之菖蒲，多年生草本，高30–100厘米，根茎横走，具分枝，芳香，肉质根多数；叶基生，剑状线形，基部两侧具膜质叶鞘；佛焰花序，生于当年生叶腋，花序柄三棱形，叶状佛焰苞剑状线形，肉穗花序狭锥状圆柱形；花黄绿色，较小，花被片6枚；浆果，长圆形，成熟时红色。产于我国大部分省区，生于水畔湿地、沼泽、河湖浅水中。

菖蒲生水畔潮湿之地，身怀清香，古人以为高洁之物，服食可通仙境，上至得道飞升，下可益寿延年。其花如短棒，色黄而质坚，其叶扁平，如刀似剑，佩之可斩邪灵，又可入酒，饮之以禳毒气，此端午风俗也，至今犹存。

采蒲延寿洞仙歌

汉武帝刘彻驾临中岳嵩山，不顾赏景览胜，却登大愚石室，使人修建道宫，并差名臣董仲舒、东方朔等一道，焚香斋戒，行那求仙问道之事。忽一夜武帝醒来，但觉雾气氤氲，迷幻之间呼唤左右侍从，竟至无人。刘彻因怀了修道之心，得此奇遇，以为仙缘，因而循着雾气的流向，沿山间蹊径缓缓而行。迷雾消散之地，只见一老者身长二丈，耳出额巅，垂下至肩，仙风道骨，不似凡人。刘彻不敢怠慢，慌忙以礼相迎。只听得那仙长言道："吾乃九疑之神也，闻中岳嵩山，石上生有菖蒲神草，一寸九节，服之可以长生，今特来采耳。"语毕，忽而不知所踪。武帝惊醒，仍在馆内，回想那似梦如幻的境遇，大悟曰："此必中岳之神以喻朕耳！"遂遣人寻那菖蒲神草而来，当作灵丹妙药服食，以求长生。然而服用二年有余，武帝却愈发感觉憋闷不快，名医皆不能治，或曰，此食菖蒲之患，愿陛下弃之。汉武帝于是不再食用菖蒲，嵩山奇遇也渐为世人所淡忘。唯有阳城人王兴，本是凡民，不知诗书，亦无修道之意，唯听得仙人教汉武帝食用菖蒲之事，便经年采食，真个得了长生。——邻里老少，皆云世世见之。

此事为《神仙传》所记，虽多虚幻，却为后人津津乐道。李白因这传说而作《嵩山采菖蒲者》一诗，曰："神仙多古貌，双耳下垂肩。嵩岳逢汉武，疑是九疑仙。我来采菖蒲，服食可延年。言终忽不见，灭影入云烟。喻帝竟莫悟，终归茂陵田。"叹那汉武帝虽一心妄求长生，却终究失此良机，颇似叶公好龙之意，何况菖蒲自古就被看作仙草灵药，许是天帝为验汉武之诚心，不然服用菖蒲何来憋闷不快之感呢？

相传帝喾之妻庆都夫人夜梦红龙降临，枕边留有龙涎，而后怀胎十四月，产下一子，是为尧帝。降生之时天降甘霖，落地而成神韭，感万物之阴气，化为菖蒲，洁而芳香。故而菖蒲一名"尧韭"，乃天赐神物，直至先秦时，祭祀神明亦常用之。北宋诗僧道潜《菖蒲颂》称，"有美君子，采持而归"，须德馨正直之人，方与这灵草相配。相传五代十国梁太祖之妻张皇后，便在庭前见了菖蒲之花，光彩照人，不似凡间之物，然而左右皆言未见此花。皇后以为见者必将富贵，乃取花吞食，是月产子，即为文武皆通德才兼备的梁高祖萧衍。

石上生菖蒲　一寸十二节

古人将生于水畔河浦之草笼统称作蒲草，蒲类之昌盛者，乃名作"菖蒲"。《吕氏春秋》云：冬至后五十七日，菖蒲生。菖者百草之先生者，于是始耕。然而水畔繁茂昌盛之蒲草，原本种类颇多，因此古人所识菖蒲，亦有多种。汉武帝所求者，仙人言生于石上，实则乃山溪水畔石隙之中，世谓之"石菖蒲"，根茎具节，或曰九节为佳，或曰十二节为佳，乃诸般菖蒲之中最为人所看重者。——《孝经援神契》中有言：菖蒲益聪。生石碛者，祁寒盛暑，凝之以层冰，暴之以烈日，众卉枯萃方且郁然丛茂，是以服之却老；若生下湿之地，暑则根虚，秋则叶萎，与苇柳何异，乌得益人哉？

因着石上菖蒲不畏寒暑，乃凝聚仙灵之气，古人所采，自然以此为贵。唐人张籍赠人菖蒲，并作《寄菖蒲》诗："石上生菖蒲，一寸十二节。仙人劝我食，令我头青面如雪。逢人寄君一绛囊，书中不得传此方。君能来作栖霞侣，与君同入丹玄乡。"此诗亦含修道之意，却因宣扬菖蒲的妙处，故而于文士间流传开去。

待到北宋年间，苏辙忽得一梦，梦中一反前朝菖蒲诗意，得新作四韵："石上生菖蒲，一寸十二节。仙人劝我食，再三不忍折。一人得饱满，余人皆不悦。已矣勿复言，人人好颜色。"这梦中之作，颇有"安得广厦千万间，大庇天下寒士俱欢颜"的境界，非只独善其身，更愿兼济天下。彼时苏轼正受人构陷，心怀奇志，不得舒张，见了苏辙梦中作，虽赞其志向高洁，却又为这世道不辨愚贤而发一声哀叹，故作诗以和之，其中有言道"菖蒲人不识，生此乱石沟，山高霜雪苦，苗叶不得抽"。这是苏轼自身的境遇，然而诗之末尾，终究是"长为鬼神守，德薄安敢偷"，如此仙草，凡夫俗子不能知其妙，恰如吾辈大才，量小德薄之徒自不能明。

神药人间果有无

古时医家抑或民间，言及菖蒲，或指水中泥间菖蒲，或指山上石菖蒲，常混为一谈，总之于人有益。五月初五端阳节，旧时荆楚之地民俗，踏青斗草，采艾叶扎作人形，悬于门户，以禳毒气，又以菖蒲酿酒，令虫豸邪秽不得张扬。——这菖蒲酒的酿造之法，据载需取菖蒲根茎，捣出汁液，和以五斗糯米，五斗炊饭，五斤酒曲，拌匀密封二十一日乃成。又因端午习俗，民间创菖蒲饼，以菖蒲并山药、蜜水，和面蒸食，服之可压时气，又名菖蒲富贵饼，所谓“术荐神仙饼，菖蒲富贵花”是也。

除却根茎，菖蒲之叶因着扁平似刃，亦为人采撷，悬于门户堂前，相传可斩恶灵，故菖蒲别名“水剑”。因茎叶具香气，古之医家称，秉烛夜读之时，置菖蒲一盆于台案之上，有利眼目清新；倘取菖蒲叶上朝露，滴入眼中日久，纵使白昼亦可仰观天象，目见星斗。文士学子植菖蒲，以示昼夜读书不倦，一度蔚然风靡。秦观却有诗言道：“瑟瑟风漪心为青，更窥崤崒眼增明。可怜一片江山样，只欠菖蒲十数茎。”世间纷乱，国君却欠了几株菖蒲，目浑眼浊，难以看出大宋即将经受的风雨飘摇。

相传天宫之中，北斗七星之玉衡星散落，化作地上菖蒲，君王倘使远礼乐，近倡优，则玉衡之星不明，而菖蒲遍生。南宋王十朋借此说而作诗云：“天上玉衡散，结根泉石间。要须生九节，长为驻红颜。”虽传作仙药灵草，但倘使俯拾皆是，却又并非吉兆，故而苏东坡言“神药人间果有无”——菖蒲易寻，却未曾亲见服食菖蒲而得道飞升者，倒是礼乐愈发崩坏，宵小之徒横生，如此看来，这所谓的神药还是罕见珍稀些才好吧。

菖蒲叶叶知多少

纵然古人留下诸多关乎菖蒲的诗文词句，然而于我，心中最

图说 今人所谓菖蒲，古时常称之为“泥菖蒲”，生于浅水或湿地泥淖之中，叶扁平而锋利，形略似剑[右图]，故有“水剑”之名；其花立夏初开，色黄而微小，聚集如短棒[左图]。又有山溪石缝之间的石菖蒲[中图]，叶颇狭，花序较纤细，古人所言“九节菖蒲”多指此物。

先跃然而出的，竟是秦少游的一句——并非高洁正直的赞颂，而是出自香艳之词《迎春乐》。“菖蒲叶叶知多少。惟有个、蜂儿妙。雨晴红粉齐开了。露一点、娇黄小。早是被、晓风力暴。更春共、斜阳俱老。怎得香香深处，作个蜂儿抱。”负风流才子之名，秦观将那菖蒲茎叶馨香恬淡的气味，比作了美人散发出的缕缕清香。了却君王天下事，芙蓉帐暖度春宵，此际无论神明仙道，反而为菖蒲赋予了一点率真性情。

然而就在约莫一年之前，我还曾听到过关于菖蒲气味的抱怨。一位满怀自负喋喋不休的年轻人，于我面前指责着混迹京城的种种不快：“前些天我还看到菖蒲！在我老家，菖蒲明明很香的，到了北京，菖蒲连一点点香味都没有！”那是抱怨京城不宜人居，顺带了连植物也失了本性。——我则是在这城市里土生土长，倘使再年轻些，怕是容不得这些那些凭空指摘，然而听了关于菖蒲，我却只是浅淡地笑了。只因我也抱有相似的疑虑来着。

初识菖蒲时，虽闻到近似新鲜草叶的气味，但远不及古人描绘的那般芳香，以致我长久地以为，这一次想必是古人夸大其词了。后来间或看到些许记录，称古人所谓菖蒲，实则数种，与今人认作菖蒲的那唯一物种不尽相同，而且依着古意，生于石上的菖蒲多芳香，反是泥水中的菖蒲，亦被称作泥菖抑或臭蒲，气味本就不堪。直到如今，中文正式名叫作“石菖蒲”的种类，叶狭而植株矮小，花序细长，生山中溪涧石缝之间，最似古时一寸九节的芳香菖蒲，亦名九节菖蒲；反而正式名为“菖蒲”的植物，叶片宽大，扁平似古之“水剑”，植株略高，花序呈粗棒状，生河湖之畔浅水中，亦于泥淖湿地可见，此种气味则浅淡甚至近乎无味了。

于我眼中，北京郊野的菖蒲非但难以成为这城市混沌压抑的罪状，反而带了一点点期许——在北郊偌大的森林公园之中，人造湖畔，仿着原生之态，栽了诸类水草，初夏时分，我于那水边行走，菖蒲之味渐浓，纵使不足以称之为清香，亦不恼人。继而我见了水滨成片的菖蒲，真个略似天然湖畔，想着终究遇到有心人，懂得参照生态环境原本模样，种草植花，而非傻气地引些西洋园艺花草，搞得不伦不类。土人也罢，外来者也罢，终究有人在为这城市花费着心思。这一点细枝末节，或许难以为人察觉，那公园大约在多数游客眼中，也无非是寻常公园罢了，但我依旧想要以微弱的声音，击节称赞。之后，徜徉于水边的菖蒲之间，嗅着气息，思绪便径自离题万里，忽而闪现的念头，就是秦少游那句，恍若被美女环绕般的艳词：“菖蒲叶叶知多少。”

其十 —— 蕺菜 —— 好撷青青荐越王

蕺菜

古之蕺菜，即今之蕺菜（*Houttuynia cordata*），隶属于三白草科蕺菜属。

多年生草本，植株具腥臭气味，高30-60厘米，茎下部伏地，具节，上部直立，有时带紫红色；叶互生，卵形或近心形，背面常呈紫红色，托叶下部与叶柄合生成鞘，略抱茎；穗状花序，顶生或与叶对生，总苞片白色，4枚，花瓣状，长圆形或倒卵形；花黄绿色，小而聚集；蒴果，近球形。产于我国华中、华东、华南、西南等地区，生于沟边、水畔、林下阴湿处。

蕺菜旧曰“岑草”，其味腥臭，民间呼作“鱼腥草”，取茎叶食之，别有风味，虽乱口气，不乏嗜食者。其根茎生节，叶作心形，花虽四出而色白，然非真花也。蕺菜生阴湿地，今黔人蜀人皆以为美味，南国诸地亦多食之，然渡江北，人多恶其味，作三日呕。

采蕺食何味　尝胆志密笃

吴王夫差做了一个日后看来足以悔恨终生的决定：释放越王勾践归国。

夫差染病，勾践请往问疾——彼时勾践恰是吴国的阶下囚，居石室，着陋衣，充做粗鄙厮役，忍辱偷生——恰逢夫差遗屎，勾践便请尝此臭恶之味，言可卜吉凶。勾践以手取便尝之，继而恭贺吴王道：粪者，逆时气者死，顺时气者生，尝大王之粪，其恶味苦且酸楚，应春夏之气，大王必病愈。这番说辞，却是勾践之谋臣范蠡，卜夫差死生天命，而后教于勾践的。夫差果然病愈，想那勾践言行，比孝子事父更甚，以为其仁心笃厚，必然安心臣服，才决意释放勾践回国。此后勾践虽励精图治，最终灭吴国以雪前耻，但自从尝粪之后，却患了口臭之疾。范蠡进言，命左右之人以“岑草”为食——此草滋味腥臭，众人皆食，臭味相乱，而勾践之口气便混于其中，难于分辨。

此事载于《吴越春秋》，所谓岑草，一名曰蕺，相传勾践命人采蕺于会稽西北山丘。至于食蕺始末，后人却又传出另一版本，称勾践归国，宿于薪柴之上，以辛辣之草燃火熏眼，食用味道恶臭的蕺菜，并尝胆之苦味，凡此种种，用以自醒，皆为不忘吴国之仇。南宋王十朋作《会稽风俗赋》，称勾践“蓼目水足，抱冰握火，采蕺于山，置胆于座”，之所以食蕺，与卧薪尝胆之意略同。宋人多遵从此说，诸葛兴于《会稽九颂》之中亦言：“采蕺兮食何味，尝胆兮志密笃。”仿佛以勾践之雄霸，采食腥臭之草，自应为了大义，而非为了掩饰口臭那等颜面问题。

扬名折耳费鲍鱼

总之这蕺菜之味，原本就并非美味，掩饰口气也好，用作自醒也罢，初时纵然吴越之人，也曾弃之如恶草。相传自越王勾践以降，越人食蕺，渐成风俗；吴越既兴，强盛一时，楚之南及至巴蜀之地，诸小国相继来朝，或为附庸，或习越俗，故采食蕺菜之法便溯江而上，流入西南。

后来楚人甚至一度嗜食蕺味。相传楚惠王命庖人制“寒菹”——据流沙河先生之言，“寒菹”便是凉拌的蕺菜了——因着疏忽，蕺叶上带着水蛭，倘使楚惠王面露嫌恶，那庖人定遭杀身之祸，为存他一条性命，楚惠王仁心大动，默默将带着水蛭的蕺菜囫囵吞进了肚中。——因果报应，楚惠王的善举，竟医治好了自身的顽疾。《本草纲目》中言道：“蛭乃食血之虫，楚王殆有积血之病，故食蛭而病愈也。”

吴越也罢，荆楚也罢，彼时终究被中原视作不遵礼法的“蛮夷”之地。至中原礼数南下浸染，因气味终究多少有些不堪，食蕺之风遂渐弱渐消，反是川黔等地，民风粗犷，土人嗜蕺，直至今日——贵州嗜之尤甚，且以根茎为食，味重气浓；川渝之地则多吃蕺叶，竟至涮入火锅之中。近年来食蕺之风再兴，自湖北至云南，常见蕺菜或叶或茎，翩然入席。如今民间对蕺菜的称呼，也因其味酷似鲍鱼腥腐之气，得名“鱼腥草”。

鱼腥易懂，反而是蕺菜的原名，何以得来，虽见各色解释，我却觉得都略显牵强。我曾为此专门请教过几位师友，终得了一番看似较为恰当的说法：最早的越南语中，有一词读音作giap，指“鱼味生菜”；越南语音，与我国南方古音相近，giap莫如说就是“戢”字在一些地区的古时读音。所谓戢者，聚集也，蕺菜生阴湿山坡，聚而繁茂，所以借戢之意，化而为蕺。唐诗僧贯休有词曰：“紫术黄菁苗蕺蕺，锦囊香麝语啾啾。”此处“蕺蕺”，即指草木聚生之状。今人标注，戢字一音读作“急”，一音读作“折”，这也就引出了蕺菜的又一个如今响彻西南的别名：折耳根。

或是折耳根，或是侧耳根，或是则尔根，总之读音相近，在西南山村之间，若说蕺菜，山民往往不明所以，大摇其头，但若说折耳根，则近乎家喻户晓。折耳二字，归结到giap之音，再顺理成章不过，因为食根茎，所以成了折耳根；旧时蕺字也读giap，因是野菜，才被叫作蕺菜。古音里头，“急”与“折”原本近似，不若中华新韵这两字的读音全然迥异，蕺菜有时也被叫作蕺儿根，这大约是读音折中的别名了吧。

盘羞野味当含香

南宋时吴越之地早已一派歌舞喧哗，不似春秋时的铁马金

图说 蕺菜之花[左图]，看似白色四瓣，花心黄色，实则白色似花瓣者并非真花，应称作“总苞片”；真花小而聚集成穗状，即看似花心之黄色部分。潮湿之地，蕺菜往往成片生长[右图]，偶然经过，鱼腥之气依稀可闻。

戈，食蕺之俗也早已零落，反而蕺菜作为见证勾践隐忍雄略之物，见于诗词歌咏之中。因着相传勾践遣人采蕺之山，后世名之曰蕺山，游历至会稽的文人墨客，往往前去览景抒怀。名士王十朋所作《咏蕺》一诗曰：“十九年间胆厌尝，盘羞野味当含香。春风又长新芽甲，好撷青青荐越王。”既是江浙生人，王十朋当然熟知蕺菜故事，只是后人读来，却心存一点疑惑：蕺菜野味，应当含香才对，何以滋味如此诡异呢？

疑惑的大约俱是北人。当今之人于餐桌上戏言，只需看一人是否惯食鱼腥草，就可知此君生长之地处南北何方。言下之意，南人能够忍受蕺菜的鱼腥滋味，甚至长久食之，日渐上瘾，北人则大都不喜此味，更有甚者，闻到蕺菜之味，便要作呕。一年春日，我于大别山中探访草木，住在山间的科考保护站中，偶遇在此长驻搜集论文材料的姑娘，连同若干护林员，众人坐在伙房门口边吃晚餐边闲谈。说到我的裤子上沾染了腥臭气味，我道，那是鱼腥草的味道，春日此草发生，我在林间拍照时，摸爬滚打，搅烂了若干嫩芽。——“你们不吃鱼腥草的么？”我如此发问道。护林员一派惘然，唯有那姑娘如遇知己，说此处遍地俱是折耳根，无人取食，委实可惜。追问籍贯，那姑娘原是重庆人，难怪如此。

我因生长于北方，原本也是难以忍受鱼腥草之味的。十余年前，乘特慢火车，自北京至贵阳，车厢之中满是鱼腥气味，我与同为北人的同窗为此深为感慨了一番。也曾尝试着吃一两口放了辣椒的腌制鱼腥草根茎，浓烈的辣味竟然抵不过那腥臭气的厚重。及至贵阳恰是清晨，我们两个漫步街头，见各色小吃摊上，往往摆一盆鱼腥草作为配菜，同窗微掩口鼻，发誓要寻一处不见鱼腥草的摊位。一路找将下去，约莫走了半个小时，终见一家贩售煎豆腐的小摊：铁板炙热，大块豆腐在铁板上煎至焦黄，滋滋作响。我们两个早已饥肠冷落，不假思索便要了两份，只见中年男子摊贩手法纯熟，一气呵成般铲起两块热气腾腾的豆腐来，绰起利刀，平剖切了开口，自铁板下面的储物柜里，舀出两勺红白相间的调味品，塞进豆腐腹中，递将过来。同窗一口咬下，不禁泪满眼眶——那最后塞进去的调味品，乃是辣椒、白糖、酱料混合了鱼腥草制成的！

何暇重言采蕺时

古时医家以蕺菜入药，可散热毒，想是南方山间湿热潮闷，食之于人有利，故而多有嗜蕺之俗。于贵州差旅之间，我也终究学会了体味蕺菜的妙处，纵使一餐只见米饭与腌制的折耳根，也可安之若素，欣欣然吃下两大碗。但回到北京，彼时蕺菜却并非常见之

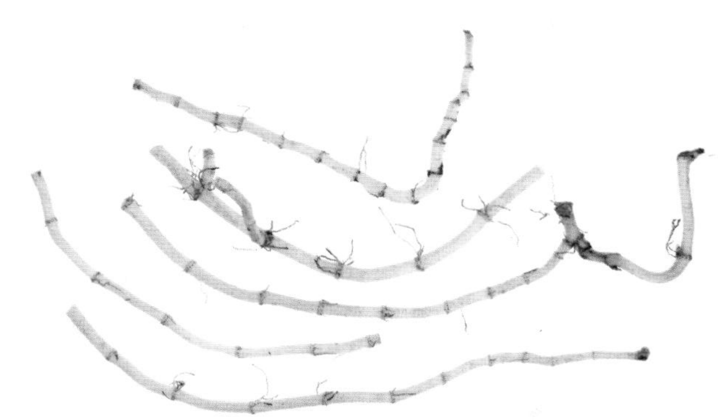

图说　蕺菜之茎，下部伏生于地，或埋土中，色白而有节，常生须状根，即西南所食“鱼腥草”是也。今各地菜市场偶尔可购得。将此根茎植入花盆，即可发出新生茎叶，栽于窗口，略可趋避蚊虫。

物，于是食蕺功力便渐渐消磨，待到又一次去云南时，见了餐桌上的蕺菜，兴冲冲吃下一口，脸色骤然大变：何以又变回了如此难受的味道呢？

由此我终于明了，自己身为北人的特质，纵然入乡随俗，但大凡离去日久，就不能适应蕺菜的独特。加之我的双脚韧带都曾损伤，读到唐人孟诜《食疗本草》一书，称蕺菜“小儿食之，三岁不行”，不禁心怀惴惴，更有诸般医家称，有脚疾者若食蕺菜，其疾一世不愈。——这怕是令我与蕺菜彻底割袍断义的缘由了。管他所谓的脚疾，究竟是指脚气还是外伤，总之那时韧带拉伤刚刚复原未久，惜足情切，哪还在意什么兼顾蕺菜的心情呢？

后来读到明人张以文咏蕺山之诗作，云：“悬胆亲尝味若饴，廿年辛苦破吴师。归来醉拥如花妓，何暇重言采蕺时。”不知何故，寥寥数句，却于我心有戚戚焉。勾践灭吴，称霸一方，再无须在意口气腥臊之事，锦衣玉食，美人簇拥，谁还会不合时宜地提起采蕺故事呢？我也大约如勾践一般，仅在那时那处，才得以与蕺菜亲近，而后却注定渐行渐远了。

其十一

——

水芹

——

美芹由来知野人

水芹

古之水芹，即今之水芹（*Oenanthe javanica*），隶属于伞形科水芹属。

多年生草本，高15–80厘米，茎直立或基部匍匐；叶基生及茎生，基生叶具长柄，基部具叶鞘，叶片轮廓三角形，1–2回羽状分裂，末回裂片卵形至菱状披针形，茎生叶与基生叶相似，较小，具短柄或近无柄；复伞形花序，顶生，小伞形花序有花20余朵；萼齿线状披针形，花瓣白色，5枚，倒卵形；雄蕊5枚，雌蕊花柱2枚；双悬果，近四角状椭圆形或筒状长圆形，木质。产于我国大部分省区，生于水畔、池沼、沟边、河湖浅水处。

古之芹唯生水畔，春日取嫩叶，芳香甘洌，盛夏花开若伞，色青白，而茎叶已老，不堪食也。嗜芹之味者常有，间或为叶间诸虫所害，是为“蛟龙病”。后西洋旱芹入中原，古之芹乃呼水芹，以兹分辨。

野意重殷勤　持以君王献

魏徵以刚直敢谏闻名，唐太宗李世民虽爱其才，却也时常因他不容情面的直谏而尴尬失仪——这又明明是谏议大夫的本分，全然奈何不得。久而久之，唐太宗只得间或寻个时机，调侃魏徵一番，聊舒心中抑郁之情。见魏徵总是一副端正严肃、不苟言笑的姿态，李世民便戏称之为“羊鼻公”；见他饮宴之间无论轻歌曼舞，乃至戏耍杂艺，均以冷面相对，唐太宗竟动了顽皮心思，定要寻个魏徵喜好之物，待他抛却仪容，本性流露，方好揶揄奚落。

“魏徵可有所好之物，能使其动情？”唐太宗问侍臣，自有人对曰：“魏徵好嗜醋芹，每食之，欣然称快，此见其真态也。”于是明日赐宴，席上有醋芹三杯，魏徵见了，果然喜形于色，宴未过半，醋芹早已吃个干净。唐太宗笑曰：“卿谓‘无所好’，朕今见之矣。”听闻皇上以醋芹出言相戏，魏徵正色对曰：“君无为故无所好。若君之志向，唯独此等微小琐事，身为臣子，也只得以‘食醋芹’这等平凡之事为乐了。”——直至此刻，魏徵竟然也不忘了讽喻规劝，唐太宗听后思量许久，终究仰天发了三声叹息。

所谓醋芹，即以醋腌制芹菜是也——彼时芹菜古人谓之

图说　水芹之花甚小，数朵先聚集作半球状，再排列为伞形[上图]。与水芹较相似的毒芹，小花先聚集为球形，而后伞形排列[下排左图]，开花时植株比水芹疏散[下排中图]，小叶较狭，茎节有片状髓，但两者并不易区分开来。如今食用的芹菜实为旱芹[下排右图]，植株粗壮，不必栽植于水边湿地。

“芹”，所指乃水芹是也，与今之芹菜不同。实则纵使魏徵大方地承认嗜食芹味，也并无半分不妥，因此草原本出自水泽之中，先秦时即被看作高洁之物，可制为菹，以款待君子，又可置于礼器之中，用作祭祀。《诗经·小雅·采菽》咏诸侯来朝，有言道：“觱沸槛泉，言采其芹，君子来朝，言观其旂。”泉清水冽，采美芹以敬君子，正当其用。故而南宋高观国拟古人之意，作有《生查子·咏芹》，词云：“野泉春吐芽，泥湿随飞燕。碧涧一杯羹，夜韭无人翦。玉钗和露香，鹅管随春软。野意重殷勤，持以君王献。”

此意区区亦爱君

芹之得名，或许亦与古人祭祀之事有关。芹亦名蕲，又名靳，今人解之，以为“斳”字实乃“祈”字，非篆非隶，当居二体之间，因水芹洁白而有节，气味芬芳，可作祭礼以祈神明庇佑，故而得名为蕲，后简写作芹。——此说虽一家之言，然其意颇通。

然而《列子》之说，却与芹之美妙相悖：宋国有田夫，以为日光曝晒之暖，乃珍奇之物，他人皆不知，欲以此献国君；乡里富人告之曰，有客献芹，“乡豪取而尝之，蜇于口，惨于腹”。杜甫所言“炙背可以献天子，美芹由来知野人”，即此掌故——芹味固然鲜美，怎奈唯有野人称道。实则水芹之味，与今之芹菜略同而更清鲜，爱者以为美而嗜食，恶者以为异味，口舌肠胃均感不适。因而乃有“芹献”一词，原指菲薄之礼，甚微小而不值一提，后指进言献策，寡陋粗鄙，用作自谦。——芹虽祭品，自先秦以降，渐渐难登大雅之堂，唯独乡民野人，仍食之不改，故而陆游《舟中作》方有词句云：“美芹欲献虽堪笑，此意区区亦爱君。”

仲春及至初夏，只消芹叶未老，便可采撷水芹嫩芽新叶于水畔，陆游谓之“盘蔬临水采芹芽”，只因中原未有广袤水泽，欲得芹则需于山涧溪流寻觅，采撷颇辛劳，又不为士人偏爱，故而食芹之风渐衰。倒是荆楚之地，泥淖池沼甚多，又有云梦大泽，故而芹生繁茂。《吕氏春秋》记曰："菜之美者，有云梦之芹。"荆楚之芹以美味而扬名，因此水芹又有别名"楚葵"。

贪食害病产蛟龙

开元年间，唐玄宗李隆基有幸得见了一次真龙。——有宦官任黄门奉使之职，自交广公干还朝，拜于殿下，但见此人面带苦楚，身形羸弱，似有隐疾。恰有奇人野士，名唤周广（一说国医纪周），观人颜色谈笑，便知疾深浅，玄宗使之探病问疾。周广凝视宦官良久，言道："此人腹中有蛟龙。"玄宗惊问宦官曰："此去交广，莫非有异事耶？"宦官不敢隐瞒，便即述说情由：驰马途经大庾岭时，暑热难当，既困且渴，故而于路边饮用野水，又有土人进奉野芹，味颇甘美；此后但觉腹胀，硬痛如磐石，此疾罹患数日矣。周广叹息曰："汝明日即当产下龙子。产子之时，汝命将绝也。"宦官听闻大哭，求周广赐予方剂。只见周广取来硝石、雄黄，煮水为药。宦官饮下，少顷，于口中呕出一物，长不数寸，粗细如指，身披鳞甲；此物投于水中，顷刻化作数尺长，唯以苦酒浸泡，方得缩而复原。待到第二日，此物已然化为龙形是也。

这虽是笔记小说，志怪奇谈，但那食芹而得蛟龙之事，却是自古为人深信的。东汉名医张仲景记有"蛟龙病"之说："春秋二时，龙带精入芹菜中。人误食之为病，面青手青，腹满如妊，痛不可忍。"——或曰此说初见于南梁陶弘景《名医别录》。古人以为，蛟龙将精液遗洒于水芹叶上，人若误食，便会怀上蛟龙的子嗣。

若患此病，服药催呕，可吐出蛟龙幼崽，形如蜥蜴。然则李时珍言道，蛟龙虽善于变幻，岂有遗精于水芹的道理？大抵应是蛇虺蜥蜴之类，遗精产卵所致，且自古有“蛇喜食芹”之说，可为佐证。

如今看来，蛟龙自是难觅影踪，连嗜食水芹的蛇也无人得见，倒是在水芹叶下，常见肉虫——金凤蝶之幼虫色彩斑斓，酷似幼蛇之状，又喜食水芹及其近亲一干草本，想是古人将这虫子，看作虺蛇，继而传言为蛟龙了。水芹有表亲，花叶之形与水芹略似，名曰“蛇床”，此草得名，干脆由这冒牌虫蛇而来。于此一节，唐人孟诜解释得颇为妥当：“诸虫子在其叶下，视之不见，食之与人为患。”只是凤蝶幼虫之类，食则食矣，不至于患病，所谓腹胀腹痛，终究还是水中草上寄生虫为患所致了。

马芹牛芹自繁兴

水芹植株略低矮，嫩叶须于初生时采撷，方得鲜美宜人，这与如今芹菜大相径庭——今人食芹，待叶子生得健硕，却掐去多余叶片，反而以叶柄入盘。非只吃法不同，实则古今芹菜，根本是两种不同的植物了。《本草纲目》记曰：“芹有水芹、旱芹，水芹生江湖陂泽之涯，旱芹生平地。”所谓旱芹，即是如今食用的芹菜，此物原产于中亚至欧洲一代，为人驯化栽作菜蔬已久，只是传入中原乃至广为人植，却是自明朝时方才兴起了。

因着二芹并有，明清两代渐有马芹、牛芹之说。牛较马硕大，因此粗大的旱芹为牛芹，水芹为马芹，《昆虫草木略》曰：牛芹即胡芹也。因旱芹之味比诸水芹更为浓重，中原士人以为食此胡芹，可乱口气，如同葱蒜，堪比小荤，故而古人或食芹叶，或竟不食，唯取其子以做调味料。

我是自幼便多少抗拒芹菜之味的，连同那坚硬叶柄的口感，通通喜爱不来。加之彼时食堂之中的芹菜，配以咸味厚重的酱油，间或可见油腻肥肉，炒在一处，只消望见，便足以令人蹙眉逃遁。多年之后，逃离各色食堂，我才终于渐渐也能吃下些芹菜了，听闻小孩子抗拒带有异味的植物类食品，此乃天性，进化之中自我防卫机制是也，我终于会心地浅笑起来。——挑食也终于有了些借口。

第一次于江南吃到水芹，那滋味堪称清香宜人，蠢笨的旱芹全然不可同日而语，也难怪古人尊水芹为“菜之美者”。至于如今菜市场中贩售的号称“水芹”的蔬菜，则是来自欧洲的栽培种类，虽与中原天然水芹是近亲，却终究种类不同，口感滋味亦无可比。惊蛰时节，我在金陵近郊溪畔，曾见一采摘水芹的老妪，兀自于冰凉的溪水里头，掐下水芹嫩叶，细心地装在口袋里——那口袋中仅有一小把的样子，说到底，这鲜嫩的叶子采来甚是辛苦了。

然而我又终究不敢采摘水芹，只因得知了“毒芹”的存在。毒芹亦与水芹、旱芹亲缘相近，顾名思义，此草身有剧毒，误食可致命丧黄泉。于野外溪流之间考察时，导师不经意讲起以毒芹为水芹竟而致死的例子，又言此二物，若需区分，要将茎剖开来，节部中空者为水芹，略有髓质隔断则是毒芹，我便亲自动手，剖了几枝，终于觉得这区分之法太过勉强了。至茎韧叶老时，这二种水畔芹菜花繁果茂，倒是易鉴别些——花果团聚若一完整伞状乃是水芹，先聚作小球状，继而组成舒松伞形，此毒芹也——只是此时早已不是采摘食用的季节。

其十二

——

苜蓿

——

天马常衔苜蓿花

苜蓿

古之苜蓿，以今之紫苜蓿（*Medicago sativa*）为正，隶属于豆科苜蓿属。

多年生草本，高30–100厘米，根粗壮，茎略呈四棱形；叶互生，羽状三出复叶，小叶长卵形至线状卵形，边缘三分之一以上具锯齿，下面被贴伏柔毛；总状花序，有时近头状，顶生，具花5–30朵；花萼绿色，钟形，萼齿5枚，被贴伏柔毛；花冠常淡紫色至暗紫色，蝶形；荚果，螺旋状扭曲。产于我国大部分省区，生于草丛、旷野、路边、沟谷，全国各地亦可见栽种。

除紫苜蓿外，古人所谓苜蓿，亦指野苜蓿（*Medicago falcata*）、南苜蓿（*Medicago polymorpha*）、小苜蓿（*Medicago minima*）等种类。

苜蓿之叶三出，花紫色，聚于枝头，若绣球而小。此物昔未见诸中原，传张骞通西域所携，栽植绵延，以为牧草。今处处有之，作杂草状生荒地，感春风而发。嫩叶采作时蔬，古人以为粗鄙，今人视若珍馐。

羞对先生苜蓿盘

唐朝开元年间，虽是一派祥和的太平盛世景象，实则宫廷之中已涌起了不安分的暗流——李林甫为相，媚上欺下，独断专行，纵连太子李亨也不放在眼中。彼时李亨与李林甫不睦，故而于太子东宫任职者，往往遭受欺压盘剥，甚至东宫用度亦捉襟见肘，连寻常饭食竟也寡淡寒酸得难比市井。文士薛令之官居太子侍讲，为人刚正清廉，不媚李林甫一党，曾作诗讽喻之。一日薛令之见东宫所供餐食，盘中菜羹竟是苜蓿所制，不禁愤然。苜蓿本是牧草，牛马所食，若非贫困潦倒，少有人采苜蓿为食，李林甫行事，可谓欺人太甚。薛令之借此事为题，作《自悼》诗一首，以泄胸中块垒，曰："朝日上团团，照见先生盘。盘中何所有？苜蓿长阑干。饭涩匙难绾，羹稀箸易宽。无以谋朝夕，何由保岁寒。"

岂料唐玄宗恰好驾临东宫，见了太子侍讲的诗作，却以为这是对圣意不满，无端怨望，故而提笔写下了应对的诗句，道："啄木嘴距长，凤凰毛羽短。若嫌松桂寒，任逐桑榆暖。"言下之意，尔既然心怀不满，恶言聒噪，无法如那高洁的凤凰般耐得住清贫寂寞，不若就此离去，自行寻个出路罢。薛令之自知开罪于唐玄宗，便辞官回乡，甚至不许他的儿子于朝中任职。而后唐玄宗偶念薛令之故德，闻其家贫，欲遣人接济，薛令之却拒而不受。

待到太子李亨终于做了皇帝，是为唐肃宗，感念旧时师生情谊，欲召之入朝，却不料薛令之已然病故。唐肃宗以其不畏权贵，生性清廉，便将薛令之故乡赐名为“廉村”，并村头溪水及山岭，也一同称作“廉水”“廉岭”。薛令之咏苜蓿之作，虽显贫苦，却不失气节，为后世士大夫们津津乐道，“苜蓿盘”一词也被用来形容官员身虽清贫却廉洁不阿。苏东坡咏茶花诗，亦有“久陪方丈曼陀雨，羞对先生苜蓿盘”之句，借薛令之掌故，赞颂茶花傲雪凌寒的高洁品性。清朝名士纪晓岚因在外授学时，有知县以美食相赠，为表坚辞不受之态，乃作诗云“词臣只是儒官长，已办三年苜蓿盘”，拒珍馐美味于千里之外，安心吃自己的苜蓿羹就好。

宛马总肥秦苜蓿

作为牧草的苜蓿，虽在唐朝时被视作贫贱之人的粗鄙餐食，但上溯至汉朝，这却是风行一时的珍贵植物。相传张骞通西域时，至大宛，见土人以葡萄酿酒，富人藏酒万余石，骏马以苜蓿为食，强壮健硕，故“俗嗜酒，马嗜苜蓿”。汉使取了葡萄和苜蓿的种子，回归中原，此二物乃初为人识。西域之路既通，外国使者络绎，求葡萄酒以佐餐，饲喂西域所产天马良驹，亦需苜蓿为饵料，于是栽种葡萄和苜蓿一度风靡，甚至连汉武帝的离宫也成了种植园。唐人鲍防（一传为李白散句）有诗赞彼时胜景，曰：“汉家

图说

紫苜蓿之花或淡紫，或深紫，数朵聚集齐放[上图]。小满时节，苜蓿花开，绵延成片，清香依稀可辨。如今城市中常栽苜蓿作地被植物，以覆盖荒地，无须刻意打理，自生自灭也可旺盛[下图]。

海内承平久，万国戎王皆稽首。天马常衔苜蓿花，胡人岁献葡萄酒。”

苜蓿之名，据流沙河先生言，乃古大宛语buksuk之音译，然则译得甚是精妙，乃至意境亦颇可探询。——李时珍称，古时苜蓿名为“牧宿”。“宿”乃宿根是也，地下根系繁茂，可年年生发；“牧”言此草可牧牛马牲畜也。初时秦地与西域邻近，所植苜蓿最佳，故而杜甫诗曰，“宛马总肥秦苜蓿，将军只数汉骠姚”，汉时饲“天马”以秦苜蓿为尊，一如骠姚校尉霍去病，当推作将军之首。然而苜蓿流入中原日久，各地广植，至明清时，却以三晋苜蓿为盛，秦齐鲁次之，燕赵又次之，至于江南，不饲战马，何需种此物耶？

诸色花开常济济

北宋名士梅尧臣《咏苜蓿》诗中称“黄花令自发”，李时珍亦称苜蓿花黄色，然而明人徐光启编著的《农政全书》中却记载，苜蓿开紫花——这是两种不同的苜蓿，还是同种植物有诸类花色呢？我是自小见多了“紫花苜蓿”的。因着居于城郊，过得三五条街巷，便能见得到大片荒野，窄河蜿蜒，矮树婆娑。幼时我便由长辈领了，去田野间见识那些草木虫鱼。有一片排列整齐的杨树林，如今想来，应是行道树的苗圃，树下总是栽种些牧草，许是饲喂自家牛马之用吧，入夏时分，那里便堆积着郁郁葱葱的苜蓿，叶色深沉浓郁，纷纷顶着紫色的花朵。小花似扁豆，又似槐花，但却小巧得多，数朵聚集得短粗，似绣球而小。因着蜂蝶常围绕其间，我也

图说　花苜蓿又名扁蓿豆，花开兼有红黄两色，生于东北、华北等地，常见于草原、沙地、河滩。倘若因地制宜，将花苜蓿当作花草栽种，实则花色奇特，颇可赏玩。

格外珍视那片苜蓿田。尚未精研植物学相关课程之前，我理所当然地以为苜蓿必定是开紫色花朵才对。

读大学时游历至新疆，在乌鲁木齐郊外的南山，我见到了成片的黄花。细看之下，与紫花苜蓿极为相似，问同行朋友，答曰，此乃苜蓿是也！我却一下子迷惑起来：曾经有过一档电视剧，其中人物动辄负气般地说“我要去新疆种苜蓿去”，岂料这新疆的苜蓿，竟和我儿时所识大不相同！后来看了清人吴其濬《植物名实图考》，乃知古人所谓苜蓿，非止一种，开紫花者为正，至于黄花，却是别种另样。因着传为东晋葛洪所著的《西京杂记》中所述之苜蓿，“日照其花有光彩”，怕是古人误以为苜蓿均为黄花，也才有了此后黄紫两般苜蓿之色。

以今人之观点，古时所谓的苜蓿，当指如今的紫苜蓿，开花淡紫色至深紫色，全国各地皆有栽种或逸作野生者。至于开黄花的苜蓿，却另有黄花苜蓿、南苜蓿等种类。我于新疆所见，便是黄花苜蓿，生于北方，亦是如今常见牧草之一。北地更有花苜蓿，又名扁蓿豆，花色红黄相间，于草原尤为常见，我曾于锡林浩特市之宾馆院子中，见这花苜蓿布满花坛，初时以为刻意，后来见宾馆墙外路边，亦生满此物，才知这野草何等寻常。

至于古人栽种苜蓿的法门，是需要“一年三刈”，割后仍长，三年后可茂盛，至六七年后，地下根茎日渐老迈，便需挖去，再度播下种子，以期繁茂不衰。又有间作之法，苜蓿田每年留下一半，另一半挖去旧根播种，年年交替，也可保昌盛。实则倘若无人管护，自生自灭，苜蓿便如杂草一般，欣欣然蔓延开去。由此之故，如今城市之中，苜蓿便被当作速生草坪——于我工作之处以东，曾有大片荒地，播以苜蓿之种，初夏即有绿草遮蔽。傍晚时分经过，斜阳余温之下，泛起青草的恬淡气息，委实妙不可言。苜蓿花却又别有一番低浅的清香，唯有凝望时才可察觉，至于那些匆匆碌碌经过苜蓿地旁、急于搭乘公车远去的路人，怕是难以体味这番滋味。

草头初露品春鲜

为解饥荒之急，明朝人予以野菜许多关注，苜蓿食用之法，也由此在民间流传开去——取鲜嫩苗叶，以沸水煠熟，和油盐而食。虽是牧草，然颇易得，取后不久即复生出，故而饥不择食，民间渐将苜蓿看作了寻常野菜。原本江南人不食苜蓿，以为其无甚滋味，然而当我在浙江山间野店，见了一盘子“草头”之后，却不得不惊叹：今之江南人，非古时江南人也！那正是一盘苜蓿的嫩叶，种类大约应是南苜蓿，并非正牌的紫苜蓿，但依然算是苜蓿族人，本地人俗呼此草为马苜蓿。自有朋友对我讲，江南饮食，以清新鲜活为佳，食草之风日盛，荠菜也罢，马兰头也罢，草头也罢，均遵从此意。想是人们非但不以苜蓿为无味了，反而喜爱它那青草一般的自然鲜香。——见我对草头兴意盎然，临别，朋友亦赠了一袋子腌制好了、真空包装的草头作饯别礼。腌制的苜蓿调料之味稍重，终究失了鲜活，但此物于北方难得，我竟再未能购得一两袋来。

《尔雅翼》中言道，苜蓿又有别名曰“木粟”，其米可为饭，亦有可以酿酒者。此一说虽不确凿，但依稀可知古人似尝试过食用苜蓿种子。论及此节，有人问我道，何以饥荒岁月，不食这

图说 南苜蓿常见子长江流域及其以南地区，春日萌芽，嫩叶呼为“草头”，江浙沪等地颇常食用。仲春时节，南苜蓿开花亮黄，似古人所谓的开花黄色之苜蓿。

“木粟”，反而去吃苜蓿嫩芽呢？莫不是青黄不接之时，苜蓿尚未结籽，唯有嫩芽可见？我是亲手采摘过苜蓿种子的，果荚狭长而卷曲，似佝偻僵挺的纤细虫子状，种子剥之不易，不似寻常谷物可批量脱壳敛拾妥当。更兼苜蓿乃豆类，诸豆俱为虫子所觊觎，苜蓿亦无可幸免，荚果之中剥出的种子，往往钻出蠕虫或甲虫，倘使存了苜蓿种子如粟米，以备不时之需，注定要被诸般虫子抢了先机，十停少说吃去七停有余。凡此种种，怕是终于使得古人舍弃了将苜蓿作为食粮的期许吧。

其十三

——

白茅

——

白茅纯束　有女如玉

白茅

古之白茅，即今之白茅（*Imperata cylindrica*），隶属于禾本科白茅属。

多年生草本，高30–80厘米，具粗壮的长根状茎，秆直立，具1–3节；叶基生及茎生，基生叶线性，茎生叶互生，窄线形，常内卷；圆锥花序，顶生，稠密紧缩呈穗状；花黄白色，小而聚集；颖果，椭圆形。产于我国大部分省区，生于平原、草丛、海滨、河岸。

白茅之叶并全株皆呈禾草状，唯穗多毛，白洁绵软，古人取之为垫，以承牺牲。果熟则穗散，若杨花之态，飘飞遍野。因其高洁，可敬鬼神，故巫者持于手，又可通玄而近仙道。今之白茅，见诸水畔荒地，沦为杂草。

灵茅怀柔致鬼神

东汉末年，乱象初现，名士孙钟携族人弟子，隐居于富春江畔，亦事农桑，亦习文武，韬光养晦，静待时机。忽一日，怀有身孕的孙夫人为一场怪梦所惊——梦中，有一童女背负着夫人，绕至古吴都西城门外，又授予夫人芳香四溢的白茅一束，言道："此吉祥物也，必生才雄之子。"夫人惊醒，心中甚是忐忑，孙钟听闻，暗自揣度：白茅之草，乃帝王祭祀神明所用。如此异兆，莫不是孙氏要代刘汉做天子不成？孙夫人后来果然诞下一子，取名孙坚。此子成人，勇冠三军，多立战功，终成割据江东的雄霸之才。待到东吴孙权真个称帝，其父孙坚也被追封为了武烈皇帝，天赐白茅神草庇佑而生的神话，自此完满。

孙坚与白茅的关联，乃晋人小说《拾遗记》中所载，大约应算作传说怪谈。然而白茅为高洁吉祥之物，却在先秦时便已广为人知。白茅怀柔，而其色无污，故古人用之包裹祭祀之物，亦用作"缩酒"——祭坛之前，立一束白茅，将酒倒于白茅之上，若酒渗入茅草之间，表示神明已将酒饮下。《周礼》之中，亦有各级别神官巫师，以茅草为器，行祭拜之事，可通鬼神。譬如男巫，手持白茅，向西方挥舞，用以招引神明，并赋予这些神明应有的名号。由于巫师修行深浅有别，相传小巫遇到大巫之时，为表技不如人甘拜下风之意，会将手中的白茅弃之于地，此即庄子所谓的“小巫见大巫，拔茅而弃，此其所以终身弗如”。

自牧归荑　洵美且异

既是生性高洁，可堪敬奉神明，古时民间便效仿祭祀之事，以白茅包裹赠礼，以示恭敬与诚意。《诗经·召南·野有死麕》讲述了一场质朴的、有白茅作为象征而现身其间的爱情故事——“野有死麕，白茅包之。有女怀春，吉士诱之。林有朴樕，野有死鹿。白茅纯束，有女如玉。舒而脱脱兮，无感我帨兮，无使尨也吠。”男子所获猎物，以白茅包裹，赠予少女；少女之色洁白，更胜茅草，堪比美玉，少女肌肤纤柔娇软，一如茅草般滑顺。至于末尾三行诗句，似是青年男女情事，以管窥豹，顾左右而言他，引人遐思，白茅柔蔓，便似红烛昏罗帐。

当然自有古人将这诗作，看作讽喻，刺民风衰乱，教化全失，白茅神物，而助淫乱。我却将之归于《诗经》中单纯而美妙的篇章，只因白茅原本就不需背负什么正统而沉重的职责。《诗经·邶风·静女》亦有白茅：“自牧归荑，洵美且异。匪女之为美，美人之贻。”美人自郊野来归，撷初生之白茅——荑，即白茅初生之状，或曰乃柔嫩白穗始生时，或曰乃破土嫩芽。终归那是洁净而美好怡人的，无论白茅，抑或手持白茅的美女。《诗经·卫风·硕人》更有“手如柔荑”之词，以嫩茅喻玉手。因而我愿固执

图说 白茅花开时穗状，略呈红褐色[右图]，而后渐渐变作蓬松絮状[左图]，果实也渐渐成熟。待盛夏时节，果实彻底成熟，白色毛絮即随风飞扬。

地以为，先秦民风，不需赋予白茅别样的含义，只那柔嫩无骨之姿，洁白绵软之态，便足以写入诗行，与美人并论，遗下追思，留待后人凭空臆想。

白云堆里白茅飞

然而白茅毕竟自古就已为人熟识，不将那白穗采来用作诸般器物，在古人看来，才是真个暴殄天物。相传黄帝就曾筑特室，席白茅，也难怪此后君王效法上古，也难免依样行事了。

春秋时齐景公新筑了一座高台以供游乐，然而却又不肯登上台去，大臣柏常骞叩问君意，齐景公称："在高台之上，夜晚能够听到猫头鹰的叫声，我甚厌恶之，故不登台。"为了祛除猫头鹰所带来的秽气，柏常骞建了一间新屋，屋内铺满白茅，用以祈福，此后猫头鹰果然不再鸣叫。——彼时的齐国名相晏婴将这事记载了下来，称此并无实效，无非揣度君意，刻意奉承罢了。实则柏常骞遣人捕杀了猫头鹰，又为使齐景公心安，才仿黄帝故事，铺白茅于室中，托言去秽。倒是古时医家，遇有人患腹痛急胀之症，称之"尸鬼接引为害"，破除之法，亦用白茅——以布覆盖胀痛之处，焚烧白茅将铜器加热，之后敷于布上，名为"驱鬼"，其效往往灵验。

北宋名士范成大，曾记宜春郊外玉虚观旧事：有仙长白日飞升，伴白茅飘荡，此仙灵之茅也，王姓长史获赠此茅，栽植于宅边，后以此宅为观，即为玉虚观；观旁生有灵茅，异于寻常之草，食之而具五味，辛辣之味尤盛，相传久食可助人成仙，道士常采来煮汤以待客。范成大就此事作诗曰："白云堆里白茅飞，香味芳辛胜五芝。揉叶煮泉摩腹去，全胜石髓畏风吹。”如此灵茅，或许沾染仙风道骨，滋味有异，我却着实品尝过白茅的滋味，说五味俱全，委实难以体味，但那味道总体而言可谓甘甜——幼时我与诸童子行荒野间，于池边见白茅之穗初生，便纷纷摘了，咬在嘴里，边是咀嚼，边是吮吸，自有野草的青涩味儿，但其中混杂着甘甜，全无辛辣苦楚。彼时不识白茅，民间称之为“甜锥锥”，需在柔毛生出之前取食，实是小孩子变换口味时的天然调剂。

荃蕙化茅蔓荒郊

白茅因叶形似矛，穗子洁白，故而得名。其穗多毛，种子熟时，随白色毛团飞散，极易传播，常可成片生长于荒野之上、河湖之滨。杜甫言道“荒郊蔓茅草”，实则当古时繁缛礼仪渐渐没落，白茅便也失人尊崇，化作了常人眼中俯拾皆是的荒草。原本出产茅草以作贡物的荆楚之地，白茅却最早沦落，《离骚》之中称“兰芷变而不芳兮，荃蕙化而为茅”，芳香之草变成了寻常的白茅，用来暗指君王身边不再有君子陪伴，而都换作了宵小势利之徒。

民间土人倒是乐得享受白茅的实用：其茎叶柔韧坚实，可制绳索，又可成捆割下铺盖屋顶，“茅屋”之说也由此而生，穷鄙之人所居焉。秋日风紧，杜甫乃有“八月秋高风怒号，卷我屋上三重茅”之句，窃屋顶之茅者，西风也，南村群童也。明末良臣毕懋康，亦见窃茅贼人，一首《束茅行》，不逊杜工部之“三吏”——官吏夜行，却嫌照明不足，故差衙役取民房屋顶茅草结束，以充火把，“燃茅茅无束，次第拆茅屋”。

至于如今，既不需祭礼，亦少有茅屋，白茅才真个好似百无一用了。从前城郊荒地漫滩甚为常见，白茅亦唾手可得，而后楼宇渐生，这无用之草竟日益稀见。近年来我仅于一片撂荒地上，见过成群散乱的白茅。那片荒地亦为楼群、广场、商圈所围困，之所以撂荒，怕是有人囤于手中，待价而沽吧。城市中却不许黄土露天，由此之故，荒地每年入春，终需散播花草种子，既有引入花卉，亦有牧草，还时常混生本土杂草野花。约莫两三年后，我在这荒地上发现了白茅，立夏时节，忽而抽出绵软的穗子，应风而动，曼舞不息。这场景说是寻常，于城市间却也难得，惜乎只看得两年，那片荒地似是终于出售，秋日大兴土木，来年春日，休说白茅，一丝一缕的草花也未能剩下，只余了停车场的水泥地面，冷冰冰地静默着，风雨不动安如山。

其十四

旋花

鼓子花开春烂漫

旋花

古之旋花，以今之旋花（*Calystegia sepium*）为正，隶属于旋花科打碗花属。

多年生草本，茎缠绕，略具细棱；叶互生，三角状卵形或宽卵形，基部戟形或心形，全缘或基部具2-3个裂片；花单生，腋生，花梗通常稍长于叶柄，苞片宽卵形；萼片绿色，5枚，卵形，花冠白色、淡红色或紫红色，漏斗状；雄蕊5枚，雌蕊1枚，柱头2裂；蒴果，卵形。产于我国大部分省区，生于路旁、草丛、山坡。

除旋花外，古之旋花亦指打碗花（*Calystegia hederacea*）、毛打碗花（*Calystegia dahurica*）、藤长苗（*Calystegia pellita*）等种类。

旋花之蕾未绽时若钉，有纹如旋，比及花开则似喇叭，或曰形如军中所吹鼓子，乃有“鼓子花”之名，传为杨玉环精魄所化。其枝蔓走，最喜倚矮树而生，亦可稍攀藩篱，然多见诸野地，遂具恶草之名。立夏花初开，可绵延至秋日，今人不识，讹作“野喇叭花”。

羯鼓有情易为花

渔阳鼙鼓动地来，方才惊醒了唐玄宗的太平盛世一场好梦。细听那鼓声，是奋勇争先的骑兵腰间所缀的小鼓，如马蹄声碎，带着烟尘散漫的凄厉，而不似玄宗平日里自鸣得意的羯鼓声响。——羯鼓本是西域所出，形如漆桶，以山桑木制得，虽可做沙场战鼓之用，玄宗所见，却多用于搏击之戏，以添声势。颇通音律的唐玄宗浸淫羯鼓之技日久，彼时知名乐师李龟年，擅击此鼓，玄宗问曰：汝练习击鼓，折了多少鼓杖？李龟年答：约五十只。玄宗笑道：汝技尚不精也，吾为演练，“杖之弊者四柜”。踩着羯鼓韵律翩然起舞，则是杨玉环的拿手好戏，玄宗击鼓，贵妃曼舞，成了安史之乱之前，唐玄宗记忆里最后一段寻常却无比美妙的安乐时光。

然而击鼓之技，却无以救玄宗于危难之间。仓皇弃了长安城，玄宗并一干大臣，辗转向着蜀地南行。因着贵妃杨玉环得宠，其族兄杨国忠得以为相，大权既握，杨国忠便排除异己以塞忠谏之路，从而独揽大权。众将士臣子原本便恨他平日作为，此刻变乱，杨国忠又难辞其咎，叛军得以攻入潼关，亦因他嫉贤妒能所致。故而行至马嵬坡时，军心生变，先将奸相杨国忠正法，继而逼迫玄宗，要将杨贵妃一并赐死。无奈之际为保性命，玄宗只得违心从命，杨贵妃就此香消玉殒。待得战乱平息，玄宗终回到长安，既思旧日欢情，又惧战乱重现，那曾经熟悉的急促羯鼓声声，竟化作了梦魇一般。

相传马嵬坡下，土人忽见一枝野花，形如羯鼓之状，而色带绯红，似贵妃红颜，娇媚可人。故而此花被称作“鼓子花”，借羯鼓之形，凝贵妃精魄，宛如惦念着唐玄宗一般，逢日光而开，入夜则合，白日奏乐以博君王之乐，夜晚整顿衣装，收敛容颜，不复枕畔之欢。明代文人高濂作《声声令·鼓子花》曰：“马嵬香散，羯鼓尘生。花枝解惜旧时声。把皮腔幻出，日边急，雨中鸣。俨风走，渔阳甲兵。恨到无声。方是怨，几时平。鼓催刻漏梦魂惊。有形无调，打不出，别离情。都付与，东风战争。”

落日风吹鼓子花

所谓的鼓子花，又因未绽时花蕾作旋涡状纹路，故名旋花。李时珍曰：“其花不作瓣状，如军中所吹鼓子，故有旋花、鼓子之名。”此处未言羯鼓之事，至于军中所吹鼓子是何乐器，后人亦无定论，或曰似喇叭，或曰似小鼓。清人所编《草木典》中，鼓子花之绘图，花形与喇叭略同。晚唐诗人郑谷，途经贾岛之墓，见弱水蹊径，荒坟凄凉，想起世称诗奴的贾岛一生工于诗文，如今寒冢竟为人遗忘，故作诗曰：“水绕荒坟县路斜，耕人讶我久咨嗟。重来兼恐无寻处，落日风吹鼓子花。”鼓子花因常生于荒郊野岭，彼时被看作萧索荒芜之征，斜阳浅风，意境相通，正可为贾岛发一声哀叹。

图说

旋花别名“篱打碗花”，花开似喇叭形，又似碗状[下图]，常蔓延于篱落之间。如今城市之中，路边高草或灌木丛中，常可见旋花攀附其上。旋花近亲毛打碗花，又有别样变型，花冠重瓣，作撕裂状，名为“缠枝牡丹”[上图]，自古作为观赏花卉为人栽种。

《诗经·小雅·我行其野》中亦有野草名“葍”，后人考证，或曰此即旋花是也。其诗本是刺周宣王时“多淫昏之俗”，男子不惜正娶妻室，令觅新欢，中有诗句云：“我行其野，言采其葍。不思旧姻，求尔新特。”葍为恶草，女子采之，以喻遇人不淑、婚姻难继。关于葍、旋花、鼓子花三者，古今学者多有争论，或以葍为旋花，或以旋花为鼓子花，或言三者各自不同，或曰皆乃一物。——葍是恶草，鼓子花亦是坟上荒芜凄厉之草，喻义略同，想来将这三个名头，看作同一植物更为妥当。

何必缠枝学牡丹

辛弃疾《临江仙》词曰：“鼓子花开春烂漫，荒园无限思量。今朝拄杖过西乡。急呼桃叶渡，为看牡丹忙。不管昨宵风雨横，依然红紫成行。白头陪奉少年场。一枝簪不住，推道帽檐长。”春日荒园，鼓子花开时，正是赏牡丹的时节了，在野村谪居的辛弃疾，也终究耐不得寂寞，加入了观赏牡丹的行列之中。倘使将此刻自身境遇比作无人问津的鼓子花，堆积在他心中的团团赤诚，却在渴求着有朝一日，能够再受重用，挥师北伐，似那牡丹花一般竭力灿烂，名垂青史。

实则在唐朝末年，民间乱象频生，有位不知名姓的朝士，游历乡间，见鼓子花开，忆起曾经在长安城里赏牡丹花的胜景，乃作《睹野花思京师旧游》诗一首：“曾过街西看牡丹，牡丹才谢便心阑。如今变作村园眼，鼓子花开也喜欢。”词句虽略失雅致，意兴却恰到好处，富贵时自有富贵人生，流落乡野，纵使是荒芜之地生

图说　旋花之属常见数种，彼此皆是近亲，野生于城市中。攀缘而生的毛打碗花[左图]与旋花极相似，唯茎叶多毛，略有不同。打碗花[右图]常伏于地面，稍作蔓延之状，花略小而色稍浅淡，但却最易在荒地草丛之中成片生长。

出的鼓子花，不也是因着春光旖旎，才默然绽放的吗？——相较之下，辛弃疾许是怀了太多国仇家恨，却显得有些强求与急迫了。

《本草纲目》关于旋花，亦有一段记载："一种千叶者，花似粉红牡丹，俗呼为缠枝牡丹。"不知道这名称是否与前人诗句相关，竟真个将旋花比作牡丹了。初见这"缠枝牡丹"时，我是无论如何未能将它当作旋花看待的：花似微缩绣球，叠瓣繁复，色粉而略淡，与其说像牡丹，不如说更似餐桌上的生鲜脑花。我曾以为这必定是园艺学者们造就的重瓣新品，后来才得知，明朝时此花已被命名，而且也并非花匠刻意为之。以今人之论，缠枝牡丹乃"毛打碗花"之天然变型，偶为人所得，继而作为花卉栽种。——那"毛打碗花"则是旋花的近亲，二者形态酷似。明人高濂《草花谱》中称，缠枝牡丹"缠缚小屏，花开烂然，亦有雅趣"。我却总是想着，又何必硬要学那牡丹花呢？任人豢养，却又不过效仿牡丹之形，无非供人猎奇罢了。既怀野趣，安心做那荒野间的鼓子花就好。

繁城喇叭处处吹

原本于城市之间，荒地渐稀渐无，取而代之以楼宇街巷，那些野花野草，也不若数十年前随处可见。但民间称之为"野喇叭花"者，却因常攀附绿篱而生，从未断绝。儿时我并未如何在意那些"野喇叭花"的，只因花朵略小，色彩也浅淡，不若栽种的牵牛花，每每绽放，必定硕大一朵，或深蓝色，或玫瑰色，又被爱惜花草的老大爷看守着，顽童不得靠近。总想着倘使掐下如此一朵牵牛花，必定可以在同伴中间炫耀一阵，至于路边无人留意的"野喇叭花”，却连睬也不睬了。

后来才知道，所谓的“野喇叭花”，实则是多种野花的笼统称谓。今人植物分类，将它们归为同宗，算是近亲：古时所谓的旋花，今名或亦称旋花，或称“篱打碗花”；又有“打碗花”，常不攀藩篱，延地蔓生；枝叶多少被毛者，乃“毛打碗花”，重瓣即为缠枝牡丹；另有“田旋花”，花梗纤细，叶片略狭。我曾带着学生，于城市间识别常见草木，诸般“打碗花”，与田旋花常彼此混

图说　田旋花可谓旋花的表亲，茎及花梗均较纤细，花梗中部，依稀可见两枚小苞片，似极小之叶。田旋花常于草丛中蜿蜒而走，不擅向上攀缘，因此所生之处与旋花有别。

淆，我便对学生言道："田旋花，花朵之下，花梗约中部，有两枚苞片，形如小耳，既不贴近花朵，也不贴近枝条，不上不下，如同悬空。田旋花之'旋'，读音与悬空之'悬'相同，由此便可牢记。"——此刻却万万不能告知他们，名叫"篱打碗花"的植物，古时原本称之为旋花，因其花梗中部并无双耳状的苞片，难免名"旋"而实未"悬"，更添混乱。

数年之前，在京城北部一座竣工未久的院子里头，虽是春日，放眼望去却仅有栽植的引种草坪，低矮而孱弱的国槐、银杏、悬铃木树苗，名为绿地，却死寂沉沉，了无生机。转至楼后，在黄绿相间的草坪里头，忽而钻出一枝"野喇叭花"——论物种应是田旋花了——招摇而贪婪地绽放。在我心里终于生出一丝快慰，这些野花野草，纵使人们限定了草种规范，它们也不至于就此消亡，城市的冷漠逼仄，亦无从遮掩全部春日和暖的阳光。

《救荒本草》里说到旋花，称其根色白可食，读到此处，我却终于捡拾起了又一段陈年记忆。小时候喂养过兔子，在野地里头拔草为兔子准备餐食，遇着旋花，本打算将茎叶扯下，往往连着地下土中白色根茎也一并带出。那根茎味道似乎格外鲜美，兔子嗜食，于是我也曾偷偷品尝过——除却泥土味儿和鲜活植物的青涩味儿，似乎有一点点微甜，想要仔细品味，却又抓不住那一点点线索。也曾被责怪过，倘使吃了毒草该如何是好，幼时我却自有打算：兔子吃得，我何以吃不得呢？只是并非如预想的那般美味罢了。

其十五

——

蒺藜

——

蒺藜满道风扬尘

蒺藜

古之蒺藜，即今之蒺藜（*Tribulus terrester*），隶属于蒺藜科蒺藜属。

一年生草本，茎平卧，被长柔毛或长硬毛；叶互生，偶数羽状复叶，具3–8对小叶，小叶矩圆形或斜短圆形，被柔毛；花单生，腋生，花梗短于叶；萼片绿色，5枚；花瓣黄色，5枚，卵形；雄蕊10枚，雌蕊1枚，柱头5裂；分果，由不开裂的果瓣组成，分果瓣5枚，坚硬，具锐刺。产于我国大部分省区，生于荒地、沙地、山坡。

蒺藜伏地而生，叶作羽状，花生叶间，色浅黄，五出，果球形而具利刺，尖锐可伤人，古时军中以蒺藜之形，造铁蒺藜，以御骑兵。蒺藜一名“茨”，恶草也，君失其德，此草遂生。刺可伤牲畜，害皮毛，牧人深恨之，乃至旧时长安城，人多着厚底木履，以防蒺藜害其足也。

虏骑崩腾畏蒺藜

诸葛亮真的死了？魏国都督司马懿心中半是兴奋，半是感伤——西蜀日衰，全仗诸葛亮鞠躬尽瘁，才勉力维持起三国鼎立的局面，这位只手撑天的蜀国丞相，是司马懿平生最大也是最值得敬畏的对手。纵知诸葛亮于两军阵前依旧事必躬亲，一日只进一餐，必然命不长久，但真个得知孔明的死讯，却难免生出惺惺相惜的心思。然而战场却容不得片刻的喘息用以感怀，少了对诸葛亮的忌惮，但见蜀兵烧营而走，司马懿即令追袭，趁势夺城略地。

岂料这竟是诈败之计！只见蜀军中翩然闪出一辆四轮车，诸葛亮分明端坐其上。司马懿见孔明未死，方寸大乱，仓皇败走。直至天明，见蜀军确是井然退去，方才探得消息，昨夜所见的诸葛亮乃木像是也。司马懿被木像迷惑，失却了追击的最佳战机，而民间也传出了“死孔明能走活仲达”的佳话。——这是《三国演义》中精心编制的故事情节，然而关于此次追击，另一个版本则在《晋书》中略有记述。阻碍司马懿追击的，并非什么木像伏兵，而是道路之上的遍地野草。先锋骑兵来报，路上多有野草所遗果实，生有利刺，损人足而坏马蹄，大军不得急行。司马懿亲往视之，多刺之果实，乃蒺藜是也。破解之法，则是遣二千军士，穿了软材平底木屐前行，蒺藜便悉数扎在鞋底，待清扫完毕，军马得进，蜀兵已远遁矣。

蒺藜之果所生利刺，形如长矛，骑兵最是忌惮，故而古时两军交锋，为防骑兵冲突，人们便依着蒺藜果实之形，铸铁打造出了铁蒺藜，散布于营前。王维《老将行》诗中有言："汉兵奋迅如霹雳，虏骑崩腾畏蒺藜。"铁蒺藜坚固锋利，较之天然蒺藜更甚，木屐之术亦难破解。关于诸葛亮死后的追击战，亦有人称，乃是长史杨仪依了诸葛亮遗计，多布铁蒺藜，因着司马懿所统西凉军骑兵为多，颇受铁蒺藜限制，蜀兵才得以全身而退。

楚楚者茨　言抽其棘

蒺藜古名为"茨"，李时珍称："蒺，疾也；藜，利也；茨，刺也。其刺伤人，甚疾而利也。"又有屈人、止行等别称，皆是源于刺可伤人之故。蒺藜自古就被视作恶草，倘使君王修德政，则嘉禾生于路旁，甘霖降诸四野；若是君王失道，蒺藜自会遍布宫殿。《诗经·小雅·楚茨》言道："楚楚者茨，言抽其棘。自昔何为，我艺黍稷。我黍与与，我稷翼翼。我仓既盈，我庾维亿。"此诗赞上古贤君之事，蒺藜纵使遍布，拔除其刺，使之不能害人，攘除其株，栽种黍稷谷物，及至丰收。——怀古讽今，三代之盛世再不得，周幽王时，政烦赋重，田莱多荒，饥馑降丧，民卒流亡，祭祀不飨，故君子思古焉。

图说　蒺藜之花黄色，花瓣5枚[右图]，每日清晨绽放，待烈日曝晒，花瓣即卷曲萎蔫。花后蒺藜之果生出，具长短不同的利刺[左图]，果实成熟后可分为数瓣，每一瓣都有至少一根较明显的刺。

国风之中亦有蒺藜，《鄘风·墙有茨》曰："墙有茨，不可埽也。中冓之言，不可道也。所可道也，言之丑也！"宫墙之上生有蒺藜，欲除之而后快，却不慎反为其所伤；后宫妇人之言，不可以公之于众。由此，蒺藜被用来比喻后宫淫乱，继而延伸作妇人乱政，但原本《诗经》中的句子，却以蒺藜指向了实实在在的女子：卫宣姜。宣姜乃齐女，本与卫国太子订有婚约，却被卫宣公贪恋其美色，嫁子而终事其父；卫宣公老而衰，宣姜又欲与太子重修旧好而私通，却被太子严词拒绝，故而心生怨恨，设计置太子于死地；此后卫乱，几度易君，最终原太子之庶弟卫昭伯，为齐国所迫再娶宣姜，其子后立作卫戴公、卫文公。——宣姜一人，乱及卫国三世，故而民间有言曰："墙茨之言，三世不安。"

蒺藜满地不胜锄

除却后宫淫乱干政，蒺藜也被用来比喻君王身边的宵小之徒。李白《送薛九被谗去鲁》诗言："梧桐生蒺藜，绿竹乏佳宾。凤凰宿谁家，遂与群鸡匹。"梧桐乃高洁之树，凤凰所栖，却为蒺藜恶草所妨，身被利刺，致使凤凰无处可宿；君王受宵小所惑，故君子无地容身。大明开国军师刘伯温，早知那朱元璋不可同享富贵，故而功成名就之后，便思退隐山林，一心求仙问道。待听闻朱元璋受佞臣蛊惑，残害忠良，屠戮功臣，不禁唏嘘哀叹，乃有诗曰："娇莺逐暖归牙帐，征雁冲寒送羽书。惆怅南园钓舟子，蒺藜满地不胜锄。"天子身边，如蒺藜一般的小人不可胜数，非一锄一镐可以肃清。

蒺藜之于今人，恶草之实依旧未改——倘使蒺藜之果粘于牛羊皮毛之间，或可致牲畜受伤，或可将毛皮损坏，更兼牲畜食用蒺藜后，常会罹患"大头病"，因中毒而致头部、耳部膨大肿胀，故而在旱地草场上畜牛牧马之时，牧人恨蒺藜尤甚。

托名陶渊明所著的《续搜神记》之中，记载了一则汉时沛国异事：有一士人，生有三子，比及弱冠之年，却不能言语，仅可发声，绝类畜生尔。忽一日，路人闻声而问，主人答，此吾子也。路人规劝道，君可内省何以至此。主人思度良久，方开口言道：昔年我为顽童时，床头正上有一燕巢，其中育有三只雏燕，母燕觅食而归，雏燕便张口乞食；我以手指伸向巢中试探，雏燕以为母燕归来，亦纷纷张口，我却拿了三枚蒺藜投入，竟致雏燕皆死。主人道出这段陈年旧事，深有悔意，忽而三子俱能言语。——蒺藜为祸，因人祸而起。

恶草今朝见者稀

南宋亡国，元兵暴虐。战火蔓延日久，房屋坍为瓦砾，加之天旱成灾，良田化作荒丘，所谓“东南民力竭矣”。眼见着哀鸿遍野，南宋遗民林景熙但有愤恨，却又无力回天，只得作诗以为哀叹，其句有云：“火旗焰焰烧刊垠，蒺藜满道风扬尘。槁苗无花不作谷，老农扶杖田头哭。”蒺藜多生于干旱之地，可看作荒芜的代表——江南本是沃土，水灵山秀，如今竟仅见得蒺藜横竖满地，烟尘漫卷，恍若北漠一般苍凉。

因着“蒺藜”二字书写起来颇有一点难度，在我儿时，是早已知晓发音，却不知如何写法。彼时民间多称蒺藜为“蒺藜狗子”，想是因那尖刺伤人，仿佛恶犬利齿咬噬，故而得名。小时候总听得长辈教诲，遍地都是蒺藜狗子的草丛，不要冒冒失失地一脚踩进去，然而夏季的孩子们都光脚穿着塑料凉鞋，又从不乖乖听话，于是总少不得被蒺藜扎到。

十余年后，我想要在城市里头再找几株蒺藜出来，安心地拍些照片，却无论如何也找不到。莫说蒺藜，连它生长的干旱荒地也极少见。明明记得在楼前角落、转弯路旁、河岸高坡都可觅得来着，但不知何时，受了“黄土不露天”工程的恩泽，那些位置或铺了地砖，或抹了水泥，纷纷化作这城市里永远稀缺的停车场。古人大约以为，蒺藜不见，君王身边该当满朝忠臣，文修武偃，天下太平才是，殊不知还有一招叫作以暴易暴，用坚硬而冰冷的砖块儿，将蒺藜憋死在地下，小巫见大巫，昔不如今。

唯有古时的修仙之人惦念蒺藜的妙处，称多食蒺藜，可使人身轻，穿房跃脊如履平地，乃至腾空驾雾，白日飞升。我则以为那并非是神仙之术，倒或许是修炼武术轻功的法门：道场地面铺满了蒺藜，为着不致脚伤，修行者唯有快步飞跃，闪转腾挪，久而久之，或许能练就独门绝技。恰如司马懿破解蒺藜的法子，本是用作行军，到得唐朝，因西北终属旱地，长安城一度成了蒺藜最多的城市，百姓们纷纷穿上木屐，以避蒺藜之害——这特制鞋子传到日本，如今依旧风靡。

在我二十四岁那年，因了本命年之故，获赠一双红袜子，袜底绣着人物图案，头眼手脚俱全，并绣了“踩小人”三字，大约是将宵小之辈踩在脚下吧。彼时我恰好刚刚看过诸般蒺藜故事未久，想着，古人以蒺藜喻小人，这“踩小人”莫不是要踩蒺藜去么？我又并非如旧时的长安百姓，备着一双木屐，遇之则愤然踩踏。想着年幼时仅有塑料凉鞋，纵然冒了可能被扎破脚趾的风险，也从不在意蒺藜散落的草丛，如今畏首畏尾惯了，竟不如童年那般，拼了满是浅深伤痕，亦要勇往直前。

其十六

—

菱

—

旋摘菱花旋泛舟

菱 古之菱，或指今之欧菱（*Trapa natans*），或指今之细果野菱（*Trapa incisa*），二者皆隶属于菱科菱属。

今之欧菱，一年生浮水草本，根着生于水底泥中，茎细长；叶二型，浮水叶漂浮于水面，沉水叶生于茎中下部，浮水叶互生，聚生于主茎和分枝茎顶，在水面形成莲座状菱盘，叶片三角状菱形至卵状菱形，有时具棕色马蹄形斑块，边缘中上部有缺刻状锯齿，叶柄中上部稍膨大，沉水叶小，早落，托叶羽状细裂；花单生，腋生，萼筒绿色，4裂，花瓣白色，4枚；雄蕊4枚，雌蕊1枚；果实坚果状，三角状圆锥形，具2–4角。产于我国大部分省区，生于湖泊、池塘、河流中。

菱生水中，根扎于水下淤泥间，叶浮水面，聚作莲花状。其叶菱形，柄中空而轻，花生叶间，甚小，四出，色洁白，感月之阴气乃绽，昼合宵炕，最惧日光。其果形如元宝而具肩角，此野菱角是也。

碧花菱角满潭秋

初至杭州赴任的苏东坡，所见却是满目苍凉。——于唐朝时便兴修水利、治理得井井有条的西湖，白居易曾励精图治，留下“苏杭自昔称名郡”之句的古钱塘郡所在，如今何以竟充斥着水患呢？三秋桂子、十里荷花呢？羌管弄晴、菱歌泛夜呢？苏轼面前的西湖，因淤泥长久无人清理而泛起腥臊恶臭，湖里满是枝杈横生、叶坚刺利的水生杂草，更兼常有海水倒灌之忧，莫说植荷采藕、饲鱼养虾，连杭州百姓饮用淡水都成了隐患。欲把西湖比西子，何故效颦是东施？苏东坡暗自喟叹，决意自水利入手，将杭州整治一番。

经了考察地理走访民情，苏轼先遣人疏浚茅山、盐桥两处河道，使漕运复通，又筑堤堰，阻江潮于市外，以解倒灌之危，再复古时六井，以供淡水之需。此后便是西湖的整治了——清淤除泥，打捞杂草，修筑长堤以通南北两岸。百姓自是欢欣鼓舞，然而却有长者承民意而上疏，言道，西湖之中所生水草，长势甚为迅猛，无论唐朝抑或五代钱氏吴越国时，若非举国家之力，每年着意打捞铲除，那杂草便会泛滥开去，阻塞河道，腐朽以坏湖水。百姓之忧，苏轼深以为然，今日任上自可除草清淤，来日换作他人为官，不恤民情，水患又会卷土重来。

忽而苏东坡忆起曹唐仙游之诗，“暂随凫伯纵闲游，饮鹿因过翠水头。宫殿寂寥人不见，碧花菱角满潭秋。”心中似有了思量。继而他便寻土人识水性者，详加查问，又与本地宗族长者商议良久，终于定下了一则治湖之法：吴越之地，民间并不知菱角美味，苏轼之弟苏辙即有诗句称“野沼涨清泉，乌菱不直钱”，至春日嫩芽生出，土人便将之统统割除，以饲牲畜，不留寸茎，故而湖中才会生出杂草为患；若以荆楚之地种菱法，需待夏末秋初，菱角鲜嫩时采撷，可制菱粉，又可烹菱粥，实水中之美味。湖中多菱，植菱者为着收成，自然欲除杂草而后快。为使众人皆以菱为美，苏轼起初雇人专职打理水田，待食菱之风盛行，土人竟有为定水田边界而起纷争者。湖水不若土地，难以划分界线，相传苏东坡为解争执，便在湖中修起了三座石塔，水田以塔为界，自此再无争端。至如今，这三座挺立水面的石塔，也成了被后人唤作“三潭印月”的西湖知名景观。

湿烟吹霁木兰轻

“连汀接渚，萦蒲带藻，万镜香浮光满。湿烟吹霁木兰轻，照波底、红娇翠婉。玉纤采处，银笼携去，一曲山长水远。采鸳双惯贴人飞，恨南浦、离多梦短。”此一阕《鹊桥仙》乃南宋张镃所作，虽名为“采菱”，实则亦将菱花满湖之状，描绘得颇具神色。

菱花小而银白，四瓣微开，单独一二株，唯细看之下方知其精致，倘使生湖中，居岸外远眺，则无可明察。然而满湖菱花齐开，却又是另一番景象。——水面洁白如镜，不辨水色，似为瑞雪遮盖，韦庄“十亩菱花晚镜清”即言此也。

因这景致于中原不易得见，故而自南宋以降，文人士子方知晓菱花之赏。然而赏菱又别有情趣：不可于白日观赏，须趁夜色，乃可得菱花之精妙，倘使恰逢月光如练，天上湖中，两相银白，最堪称颂。清朝人吴锡麟《簇水·菱花》一词有言道：“渐带夜深风露，淡浸全湖白。寻梦去，误了幽蝶。”说菱花似幽冥蝶影，那些蝶翼却又纷纷停落水面，不肯翩飞了。

夜色菱花之赏，却非古人追寻新异，实因菱花绽放别有其时。《本草纲目》中记菱花曰：“五六月开小白花，背日而生，昼合宵炕，随月转移。”此花最恶日光，日落方绽，并随月光而转，似葵花向日之姿。至夜尽而朝晖初上，便又渐渐合拢，似与日光有隙而不欲相见一般。我曾在烈日炎炎之下，见了太多凋落的菱花，白色的花瓣已不知去向，唯余小杯状的绿色萼筒，中间插一根孤单的雌蕊——如此这般的残破菱花，我竟一度以为就是菱花原本的模样。北地少池塘，菱也不易寻得，故而真个遇到菱花，多是临近黄昏日落时，抑或清晨为树影遮蔽的水池沟渠之中。去江南游赏或公干，我亦曾想要寻一片菱池，待月光华美，去看那夜间的菱花，然而每每不能如愿，明明应是花季，近岸之菱却无花开，倒是极远处的湖心，菱叶之间隐隐点缀着白色。此虽憾事，却为我留下了一点关于菱花的惦念，再赴江南时，我想，总会怀有些许清浅的期待了。

谩人道是采菱歌

自菱花灿烂至菱角初熟，便是暑热退散、金风骤起之时。杨万里《菱沼》诗曰："柄似蟾蜍股样肥，叶如蝴蝶翼相差。蟾蜍翘立蝶飞起，便是菱花著子时。"菱之叶柄粗硕空软，正好使叶片得以漂浮于水面，其叶四边，不方不狭，恰是几何图形里所谓的菱形——菱形之说，即由菱叶之形而来——蟾蜍蝴蝶之类，所喻已极生动，那又还不足够，待菱角熟时，菱叶常常略作翘起之状而高扬，正所谓蟾蜍翘立、蝶翼翩飞了。

白居易言"时唱一声新水调，谩人道是采菱歌"，菱熟季节正是水乡人家忙碌之时。荆楚也罢，吴越也罢，少女乘一叶小舟泛于湖中采菱，最是惹人沉醉的图画，借着水波荡漾，清唱一曲采菱歌，那又是历代文人不惜笔墨所赞颂的美妙情境。梁武帝萧衍所作《采菱曲》，词句时而悠扬婉转，时而短促急切，恰如舟行波心，浪涌漩洄——"江南稚女珠腕绳，金翠摇首红颜兴，桂棹容与歌采菱。歌采菱，心未怡，翳罗袖，望所思。"

文人常将采菱女边忙碌边吟唱的歌曲，当作思念情郎的恋歌，此说虽已难辨真伪，但采菱看似浪漫，实则极为辛劳。古来文人失察，不知民间疾苦，南宋名士范成大籍贯即是吴县，颇知采菱艰难，故屡于诗作中，替采菱女发一声叹惋。《采菱户》一诗便言道："采菱辛苦似天刑，刺手朱殷鬼质青。休问扬荷涉江曲，只堪聊诵楚词听。"——楚辞《招魂》有言："涉江采菱，发扬荷些。"涉江、采菱、扬荷（一说即为《阳阿》）俱是古曲，后人以为可作音乐之赏，殊不知菱之尖角硬而锐利，采菱女往往被刺流血，其辛苦可见一斑。似唐时奇女子薛涛，写得出“何时得向溪头赏，旋摘菱花旋泛舟”，这摘菱花为玩赏，与采菱角以谋生，自不能相提并论。

菱之得名，亦自其果实而来。李时珍称，菱又名芰，“其叶支散，故字从支，其角棱峭，故谓之菱”。古人大都以菱芰为一物，故二字连用，唯唐人段成式《酉阳杂俎》记曰：“今人但言菱芰，诸解草木书，亦不分别。唯王安贫《武陵记》言：四角三角曰芰，两角曰菱。”实则菱有数种：四角者曰四角菱、曰野菱、曰细果野菱；二角者曰乌菱、曰格菱、曰丘角菱；三角者乃八瘤菱，其果之角可二可四，有时亦作三，然终为稀物；亦有无角者，曰无角菱。——这诸般菱之名称，收于《中国植物志》中。岂料未经十年，此巨著修订作英文版，以期举世通行，关于菱角却简而化之，载我国仅二种菱而已，一曰细果野菱，四角，一曰欧菱，角之数二三四者，乃至无角者，皆归并入此种。我于菱角之类并无细致研究，不便评述，只觉得那段成式、王安贫与旧版《中国植物志》，恍若后汉枭雄四起、三国鼎立，待英文修订版一出，三分归晋去也。这植物分类之术，亦合了“分久必合，合久必分”之理。

红裳左袒雪花明

采菱为食，古今皆同，然而因着身在北地，菱角颇不易见，我于成长的十余年中，吃菱的次数大约屈指可数。读大学时，获赠一枚干硬漆黑的乌菱果实，也曾当珍奇一般，藏在背包的深处多年来着。此后话也。旧时家中长辈似有种说辞：菱乃水生之物，其性

图说 菱花开过后，花梗沉入水中，果实在水下渐渐成熟，需将植株捞起才可看清菱角[左图]。在较浅的河流、沟渠、水塘中，野生的菱常可形成小群落[右图]。如今这些常见的野生菱角种类，如丘角菱、格菱等，都已被植物学家归并为同一物种：欧菱。

阴柔，不可多食，否则易为寒气所伤。故而纵使吃菱，小孩子也只能分得一两只，品品滋味罢了。况且菱角硬壳甚难剥除，于是我对菱角渐渐失了兴致。

后来听说江南菱角成篓贩售，好生惊奇了一下子。倘使菱性阴寒，这一篓吃将下去，怕是抵得上一次吃了数十根冰棍儿雪糕了吧？真个不会吃坏肚子么？这疑惑自然被江南的朋友们一笑带过。然而又过数年，偶然之间看到一则唐德宗时故事，关乎食菱，亦言及菱聚阴气之说：

相传唐人郑德璘家居长沙，有亲表居江夏，每年一往探询，须渡洞庭湖，湖上常遇一老者，虽满头白发，容貌却显少壮。老者舟上并无存粮，问之，对曰，采水中菱芡为食。——芡者，俗呼为鸡头米，亦为水生之物，常与菱比邻而生。德璘听老者谈吐不凡，

图说　菱花4瓣，开于叶丛之间，清晨寻花，往往可见，待日光曝晒，花即萎蔫。倘使花开于树荫之下，则可绵延开至午后。

便将随身所携的美酒“松醪春”与老者分而饮之。而后德璘辞别老者，抵江夏，事毕将返长沙，夜泊小舟于黄鹤楼下。恰逢旁边有一巨舟，乃盐商韦生所有；韦生有女，颇美而艳，琼英腻云，莲蕊莹波，露濯蕣姿，月鲜珠彩。德璘见此女，心生爱慕，乃作诗一首，书于红绡之上赠之。女亦投红笺以报。然则当夜月明风清，巨舟终借风力之便，扬帆而去；德璘舟小，见风势忽紧，波涛猛烈，无法驱舟追随，意殊恨恨。至天明，渔人言道，昨夜巨舟为浪所破，沉于洞庭湖矣。德璘听闻，神情恍惚，悲叹良久，作诗凭吊。诗成，投入湖中。精诚终于感动水神，便将韦氏还于水面，为德璘所救，二人终结连理。后韦氏乘舟于洞庭湖上见一撑船老叟，依稀相识，叩问缘故，方知老叟便是当年湖底水神手下，因德璘有赠酒之德，方才乘水神美意而救韦氏性命。韦氏恳求老叟携她再入湖中，终于得见此前溺水亡故的父母。其父母为水鬼，居于水府，房屋第舍与人世无异，唯独饮食仅有菱芡而已。老叟送韦氏重归水上，遗诗一首，言道："昔日江头菱芡人，蒙君数饮松醪春。活君家室以为报，珍重长沙郑德璘。"

菱角为水鬼所食，恰与菱花感月光阴气而开相承，古人又以菱为水生之物，将之雕画于房屋栋梁之上，以期防火之效。南宋杨万里《食菱》之诗，非止言菱之食，更提及菱的诸般用途杂说："鸡头吾弟藕吾兄，头角崭然也不争。白璧中藏烟水晦，红裳左袒雪花明。一生子木非知己，千载灵均是主盟。每到炎官张火伞，西山未当圣之清。"

自宋朝始，菱的鲜美滋味为人所识，乃至后来竟享"水八仙"之名。菱角日渐金贵，至明朝饥荒年岁，土人困窘，吃不起菱角美味，便终于又打起了菱枝菱叶的主意。明人王磐《野菜谱》中，将菱枝称作"菱科"（菱棵），并有诗言道："采菱科，采菱科，小舟日日临清波，菱科采得余几何？竟无人唱采菱歌。风流无复越溪女，但采菱科救饥馁。"菱叶嫩时，滋味尚鲜美，今人尤以之为乡肴野味；然而若逢荒岁，饥不择食，纵使菱枝已老，也尽数采了以沸水煮过，勉强下咽。——水鬼尚可吃到菱角，这饥年荒岁，真个落得人不如鬼了。

其十七

葵

朝荣东北倾　夕颖西南晞

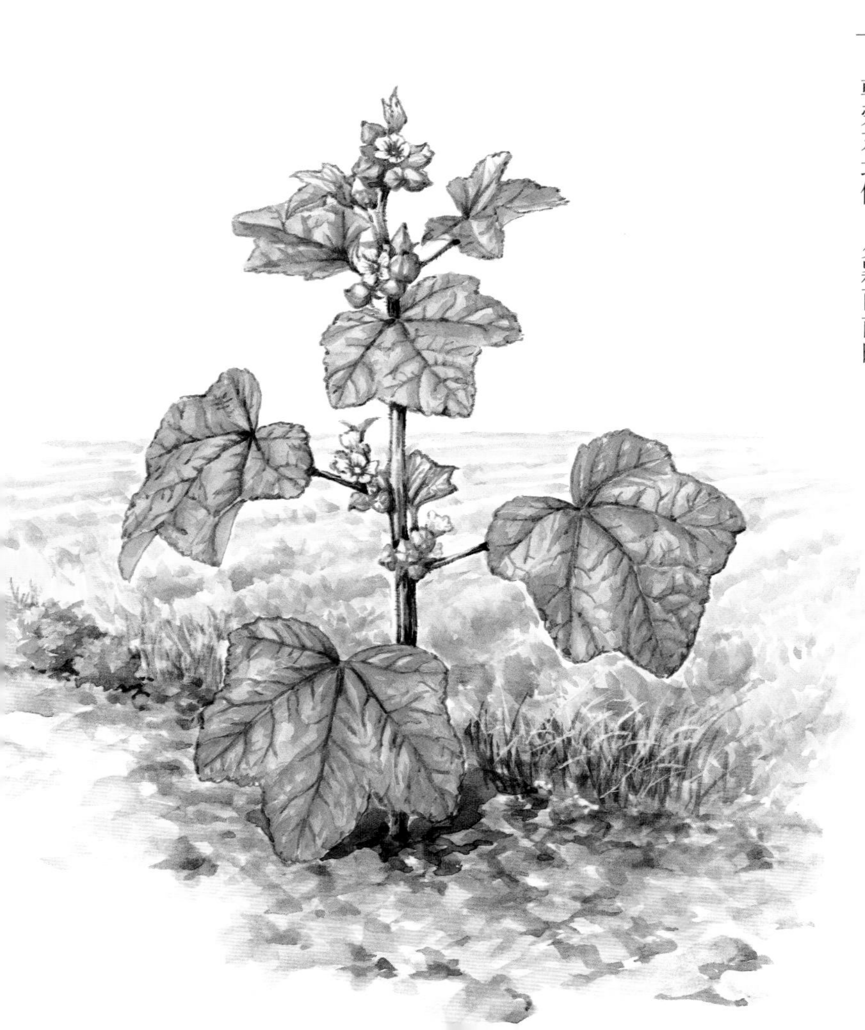

葵

古之葵，或指今之野葵（*Malva verticillata*），或指今之冬葵（*Malva crispa*），二者皆隶属于锦葵科锦葵属。

今之野葵，二年生草本，高50–100厘米，茎被星状长柔毛；叶互生，肾形或圆形，通常掌状5–7裂，边缘具钝齿，叶柄槽内被绒毛；花簇生于叶腋，小苞片线状披针形；花萼绿色，杯状，5裂，疏被星状长硬毛，花冠淡白色至淡红色，花瓣5枚，先端微凹；雄蕊与雌蕊合生成柱状；蒴果，扁球形，分果爿10–11枚。产于我国大部分省区，生于山坡、平原、草丛。

古人广义之葵花，亦包括锦葵（*Malva sinensis*）、蜀葵（*Althaea rosea*）、黄蜀葵（*Abelmoschus manihot*）等种类。

古之谓葵，棵不甚高，叶稍圆而作掌状开张，花亦不甚大，五出，色紫红，或浅或深。葵本野草，生诸道旁，择其滑嫩者入盘，是为葵菜，本百菜之长，可敬老以尽孝。葵叶随日光而转，阴影终护其足，草木中智者如此。

唯有葵花向日倾

大夫庆克竟然男扮女装，蒙衣乘辇，进了国母的寝宫之中！——此乃春秋齐国之事，齐灵公生母与庆克私通，日久终究露了马脚，被直臣鲍牵所见。那鲍牵乃齐国名相鲍叔牙曾孙，性虽刚直，却不知变通，但见此二人淫心祸乱，胸中生出许多愤懑，怒气冲冲地跑去见了辅政大臣国佐。国佐闻听此事，便遣人去召庆克前来，意欲训诫。庆克躲在后宫之中不敢现身，思量许久，却向国母哭诉，自此二人约定，要将这一干搅扰好事者悉数诛之。

恰逢诸侯会盟，国佐陪同齐灵公前往，留了鲍牵等人守城。外事已毕，齐灵公还，正遇城门禁闭，这原本是例行盘查所需，国母却向灵公进献谗言，道那鲍牵诸人欲反，将逐灵公而立公子角为新君。灵公碍于国佐在侧，隐忍未发，不久国佐出外公干，齐灵公便趁机将鲍牵刖了双足，以为惩戒。——此后国佐领兵归还，诛杀奸夫庆克；齐灵公又信谗言，与国母合谋，暗地遣人刺杀了国佐，齐国遂乱。

孔子谈及此事，不胜哀叹，言道："鲍庄子之知，不如葵。葵犹能卫其足。"鲍庄子即是遭了刖刑砍去双脚的鲍牵，而所谓葵，则是早在先秦就已为人熟知的菜蔬。孔子称葵能护卫其足，乃是葵之叶片会随日照而略转动，使其阴影遮蔽根部，以防曝晒所伤。此为草木自保之策，古人尽知。

论及葵叶随日光转动之事，个中名句当然首推司马光《居洛初夏作》："四月清和雨乍晴，南山当户转分明。更无柳絮因风起，唯有葵花向日倾。"彼时王安石力推新法，司马光却蛰居洛阳，借了初夏景物，将朝中趋附王安石的得志小人，比作随风飘舞的轻浮柳絮。至于自身的志向，当然如这野葵花，甘愿将叶叶一并随日光转动，以表满腔忠君之心——大宋天子，当然就是司马光随之转动的高高在上的骄阳。

红粒香复软　绿英滑且肥

葵之得名，亦因其叶向阳之故。北宋罗愿《尔雅翼》中称：葵叶向日，诚意可鉴；相传上古天上共有十个太阳，葵始终与之为伴，故而"葵"字与"癸"字相通。——癸，天干也，古人用以称呼太阳。李时珍借此意进而言道：葵者，揆也。揆意为揣度，葵叶向日，以保其根，乃是揣度天道运转所为，可谓大智。

因着向阳，唐宋时的葵叶便被用作寄托忠义之心。相传白居易与元稹常以竹筒贮诗，往来唱和，世谓之"诗筒"；更兼名士许远赠以秘方，将葵叶研磨为汁，用布擦于竹纸上，待稍干，用温火熨之，可使竹笺之色浓郁墨绿，此所谓"葵笺"是也。许远有诗赞之曰："不取倾阳色，那知恋主心。"这又实则是在赞颂白居易、元稹二人，如葵叶向阳一般心怀忠义，使用"葵笺"最是恰当不过。

实则白居易非但知晓葵的秉性，也懂得品尝葵的味道，故而

图说

古人作为蔬菜食用的葵菜，今人以“冬葵”为正，又名冬寒菜、冬苋菜，如今在我国中部和西南地区常见栽种。[上图]野生之葵，常见者为“野葵”，叶边缘褶皱不强烈，花粉色而带有深紫红色条纹。[下图]

乃有《烹葵》一诗——“昨卧不夕食，今起乃朝饥。贫厨何所有，炊稻烹秋葵。红粒香复软，绿英滑且肥。饥来止于饱，饱后复何思。忆昔荣遇日，迨今穷退时。今亦不冻馁，昔亦无余资。口既不减食，身又不减衣。抚心私自问，何者是容衰。勿学常人意，其间分是非。”彼时葵乃贫苦乡人所食，白居易不以为卑贱，非但赞那葵叶的口感滑嫩肥美，甚至吃到饱足。

春谷持作饭　采葵持作羹

由白居易上溯一千五百年，正是葵风光无限的时代。《列女传》中讲述了一则鲁国女子与葵菜的故事。鲁女倚柱叹息，邻妇戏之曰，何以如此悲戚？莫不是意欲嫁人乎？吾为子求偶。鲁女斥之曰，吾岂嫁哉？心中所忧，鲁君老而太子少也。邻妇言，此鲁国大夫之事，何况国虽有事，与汝一妇人何干？鲁女对曰：“昔有客系马园中，马逸，践葵，使予终岁不饱葵。吾闻河润九里，渐濡三百里。鲁国有患，君臣父子被其辱，妇女独安所避？”鲁女所言，虽是讽喻，却正可知彼时园种植葵，以为名蔬。

先秦时葵菜一度被奉为百菜之主。因其叶嫩而顺滑，作羹颇易下咽，故纵使年迈之人，牙齿尽落，口舌木讷，也不妨碍品尝葵菜的美味。由此之故，为长辈进献葵菜，也成为了尽孝的标准行为。彼时所谓的葵菜，实则又有数种：李时珍称葵亦称露葵，采葵必待露解之后，因此名之；北宋苏颂言道，葵有蜀葵、锦葵、黄葵、终葵、菟葵，诸般种类，皆有功用。因着葵叶嫩滑，古人多将口感相似的植物纷纷冠以“葵”名。

至于真正用作蔬菜的葵，今人大多以为应是冬葵。陆游《秋晚村舍杂咏》诗中有言："园丁种冬菜，邻女卖秋茶。"此冬菜，即冬葵是也。与之相对应，野葵则是民间胡乱食用的野菜了，虽是冬葵近亲，然则小而味寡淡，古人亦称之为"旅葵"，旅途之中，采来权且充饥。汉乐府《十五从军征》有诗句称："中庭生旅谷，井上生旅葵。舂谷持作饭，采葵持作羹。"《尔雅》中将野葵称为"莃"或"菟葵"，东晋学者郭璞称之"颇似葵而小"。"菟"之称或由"兔"而来，应为"小"之意，称野葵为小葵，亦是以此与冬葵相对比。

我倒是对所谓的"冬菜"情有独钟，这种偏爱，源于儿时早已模糊的记忆。——将近三十年前，于小孩子而言，可以去游玩的公园无非经典的几处罢了。对于北京中山公园旁边的劳动人民文化宫，在我印象之中，代名词即是冬菜包子。饥饿的小孩子心中总是怀有对包子的无限热忱，而冬菜做馅，也仅在那里才能够吃得到。其实味道如何，早已被岁月磨损得难以描摹，唯独剩下"冬菜包子"四字，成为了一种美妙的体验，镌刻在记忆深处。多年以后，我才终于识得了冬葵，知晓它有个别名叫作冬寒菜，以为这就是儿时的冬菜了；又听说蜀地菜市场至今仍有"冬菜"贩售，或煮菜粥，或配豆腐下汤锅，于是心向往之。多年后我偶然讲起这段经历，绘声绘色，自以为是，忽而有人惊诧道：不对呀，包子馅儿和酱菜的冬菜，其实是用芥菜、大白菜之类做的！我听了，呆滞了几秒钟，忽而笑出了眼泪。

西洋葵花滥华光

为了赶在林场正午开饭之前返回，我曾跑过将近八公里的山

图说 如今栽种用作观赏的“葵花”，与冬葵、野葵亲缘相近者是“锦葵”，花与植株都较大。[左图]今人俗称的葵花，则往往指向日葵之属。向日葵原产北美，花金黄色，为头状花序，似脸庞而颇大[右图]。

路。——那是十余年前了，彼时的林场里头大锅造饭，正午准时煮熟出锅，绝不等人。我是因了在抵达林场的途中，于颠簸的车窗里，依稀看到了路边的野葵，终于得了少许空闲，便打算沿路寻找，想要拍几张照片。恰有一位在林场观察动物行为的学生，执意与我同行，想要多识别些植物种类才好。行走于山路上，攀谈之中我说起，想要去拍葵花，那学生笑嘻嘻地问道：“你可知道什么是‘毛嗑’么？”因着舅父曾在东北居住过数年，我多少听过一些那里的方言，于是我也笑嘻嘻地反问：“你可知道什么是真正的‘葵花’么？”见了葵花，那学生大失所望，我所寻找的葵花，当然是野葵那淡紫红色的小巧花朵，并非今人心目中理所当然的“葵

图说 花较小的向日葵属植物，名为“菊芋”，别称洋姜、鬼子姜，花既可赏，地下块茎也可食用。

花”——向日葵。至于所谓的“毛嗑”，则是向日葵所出产的葵花籽，俄罗斯人嗜嗑，传至东北，老毛子的吃食，故而得了如此这般的别名。

古时的野葵少人知晓也还罢了，说到葵花，今人近乎无一例外地想起向日葵，殊不知向日葵并非中土草木，实出自美洲，绵延传至中国，约莫在明朝中后期。向日葵实为菊类，植株颇高大，动辄高丈余，故而明人王象晋《群芳谱》中称之为丈菊，又因番人携来，一名西番葵，后讹为西番莲。至清朝，吴其濬《植物名实图考》记之曰：“此花向阳，俗间遂通呼向日葵。”所谓向日，实乃花序梗之中生长素聚集所致：生长素背阴堆积，梗即在背阴侧生得快些，花便被推向了向阳一侧。个中原理，与葵叶逐日光遮阴护根之说略同。故而“丈菊”借了司马光“葵花向日倾”的诗句，摇身一变，化作了向日葵。

然而古人实则并不喜爱向日葵的。明人文震亨《长物志》中所载，诸般葵花，向日葵排名最末，身背“最恶”之名。今人反而不遵古意，只见得向日葵金灿灿好大一盏，便以为富丽明光。然而我又与大多今人不同，所偏爱者，却是向日葵的近亲：大名呼为菊芋，民间俗称鬼子姜者。因与向日葵同宗，菊芋之花似向日葵而小，故小孩子们常称之为小葵花。彼时我家楼下铁栅栏之内，总会栽种几株菊芋，成人们无暇赏花，任由小孩子掐下花来恣意蹂躏，只不要糟蹋地下的块茎就好。深秋掘出根茎来，形略似姜，洗净腌作咸菜，配了米粥，可绵延吃上一冬。幼年时我随长辈去挖菊芋，很是觉得新奇，至于腌好的鬼子姜，反觉得滋味不佳，并不十分喜爱。

多年后我却渐渐想念起鬼子姜的味道，偶然吃到，内部残留着原本的清淡，外皮则腌得咸香，加之口感兼了脆嫩和绵韧，竟吃得甚是欢愉。恰逢定居美国的姨母抱怨，言彼处蔬菜贵而失味，番茄似橡胶，黄瓜如罐头，亲自栽于菜园的蔬果，一时难以吃完，又不便储藏，于是我建议道：“何不栽种鬼子姜？腌作咸菜，慢慢吃来就好。”言罢，我才哑然失笑：菊芋亦是原产于北美的植物，洋人不知食用，如今反倒要中国人去了美国，栽来当作吃食。如今城郊河畔，年年依旧可见栽种的鬼子姜，无须管护，亦可生得高大；相较之下，向日葵则金贵些，若少了肥水伺候，往往单薄羸弱，只开得出瘦小的花朵，难以结出葵花籽，如今城市里头几乎不见栽种了。

其十八

—— 荇菜 ——

参差荇菜　左右流之

荇菜

古之荇菜，即今之荇菜（*Nymphoides peltatum*），隶属于睡菜科荇菜属。

多年生水生草本，茎圆柱形，多分枝，节下生根；上部叶对生，下部叶互生，叶片漂浮，圆形或卵圆形，基部心形，下面紫褐色，叶柄圆柱形，基部呈鞘状，半抱茎；花簇生节上，花梗稍短于叶柄；花萼绿色，5裂，花冠金黄色，5裂至近基部，喉部具5束长柔毛，边缘宽膜质，具细条裂齿；雄蕊5枚，雌蕊柱头2裂；蒴果，椭圆形。产于我国大部分省区，生于池塘、湖泊、河流中。

莕菜生水中，叶浮水面，圆似杏叶，接连绵延，参差遍布，花色金黄，熠熠生光，五出而边缘具流苏，巧若天工。其花感晨光而开，至日中曝晒，花即委顿。诗曰："参差荇菜，左右流之。"荇即莕也，旧采嫩叶为食，为酥为羹，其法今不传。

窈窕淑女何所求

难道成周盛事就要荒废于姬钊手中了么？眼见着周康王姬钊又未上朝议政，文武百官难免窃窃私语起来。先王临终之时，正因担忧姬钊昏庸失德，才刻意安排了召公、毕公为辅佐，效仿周公辅佐成王之意。继位以来，康王姬钊并无治国方略，倒是沉浸于后宫之中，因着贪恋敦伦之事、床笫之欢，连朝会竟也抛诸一旁了。彼时召公、毕公颇具贤名，深知先王嘱托之意，故而不顾内侍阻拦，来求姬钊召见。

"王可知民间有歌？"召公、毕公言道，"臣请为王歌之。"姬钊自然知道他们的来意，想必是劝诫，或是讽喻，但那些关乎天下的大道理，听上去已是陈词滥调，此刻姬钊所惦念的，依旧是片刻之前还怀抱着的温润肌肤。故对于二公之言，姬钊默然以对。"此歌名为《关雎》。夫雎鸠者，水鸟也，雌雄相伴而飞，世人歌之，为慕窈窕淑女之故。"二公故意言明歌曲之意，待姬钊听到淑女云云，面生关切之色，二公方才将那民歌吟唱而出："关关雎鸠，在河之洲。窈窕淑女，君子好逑。参差荇菜，左右流之。窈窕淑女，寤寐求之。求之不得，寤寐思服。悠哉悠哉，辗转反侧。参差荇菜，左右采之。窈窕淑女，琴瑟友之。参差荇菜，左右芼之。窈窕淑女，钟鼓乐之。”

“求之不得，寤寐思服。悠哉悠哉，辗转反侧。此意甚佳。”歌毕，姬钊赞道。然而此歌之意初听颇为浅显，细思之下，却一时不能尽明，故而他终究忍不住问二公曰：“雎鸠吾知矣，然淑女、荇菜之说何解？”二公正色道：“荇菜，水草也，常沐清水，性最高洁，可供祭祀以敬先祖。女采荇菜，为主持祭祀之意，此君王后妃应尽事。窈窕淑女，明大义为先，方为佳偶。”二公言毕旋即告退，留下姬钊一人独自思量。——又中了这两人的诡计，终究被说教了！姬钊虽气恼，然则追忆那民歌所言，似有所悟。

此后姬钊果真不再贪恋女色，并在二公辅佐之下，将大周整治得井井有条，更胜先王，终未辱没这周康王的名号，后人亦将周朝此一时繁华，称作“成康盛世”。这首《关雎》后来收录于《诗经·周南》之下，尊为《诗》三百的第一篇，儒家解读，皆言此诗赞颂后妃采荇之德。直至皇权没落，20世纪的学者们纷纷站出，称此《关雎》应是民间情歌，与礼仪德行、天子后妃之类全无干涉——青年男女彼此爱慕，女在水中，泛舟采荇，男子思恋，故而鼓乐琴瑟，为讨欢愉也。

迎风细荇传香粉

关于《诗经》之中所谓的荇菜，因何缘故为窈窕淑女所采撷，两般说法，我竟犹豫良久，皆不能全盘认同。——后妃采荇，似是自古传来，但我因亲自采过这水草，颇知辛苦。古之荇菜，即今人所谓莕菜是也，生河湖池沼之中，择水流迟缓乃至静如明镜之处，闲散地钻出些叶片，大小如拳，形似睡莲，悠悠哉漂浮于水面；其茎或蜿蜒至水下泥中生根，或如游龙般横走开去；花梗生自叶片会聚之处，花挺立出水而绽，其色金黄，灿若日光。

便是这么一种水草。倘使无舟，欲至莕菜多处，委实要花费一番心思，稍有不慎，往往狼狈。我曾在内蒙古草原上的平缓河流里头，为拍莕菜照片，一脚踏入河畔淤泥之中，泥水倒灌，将好端端的户外鞋染作浅褐色，事后费力洗刷了事。于京郊湖畔，则因莕菜所生之地距离岸边最近处亦有超过一米之远，虽可遥望，却难以触及。唯有栽种于人工池塘中的莕菜，池小株繁，方才能够轻易靠近，凑到身边拍几幅清晰的照片。想那古时的后妃，断然不至于趟着清水，踩着污泥，去采摘什么水草吧。——除非乘船，但那也须将身体倾出，伸直手臂方可打捞得到，任凭如何遐想，也像是民间伧鄙之人所做才更妥帖。

但若称《关雎》为情歌，却又失乎情理：窈窕淑女，琴瑟友之，窈窕淑女，钟鼓乐之。琴瑟钟鼓，并非民间土人所有，士大夫尚不可私制钟鼓礼器。《诗经》后面的诸多篇幅，说到男女幽会，赠水果野花，猎物山珍，乃至碧玉，那倒都是合乎情理之事。终究我决定舍弃那些疑虑也罢，在为中学生或大学生讲草木故事时，我常简而化之，将这莕菜看作追求窈窕淑女时的比兴之物——且不论君王还是平民，淑女之爱，怕是并无偏差——与此同时，我亦会讲到另一则关于莕菜、淑女与爱情的故事：

约莫五六年前，我曾在北京大学校园之内的未名湖中，见着荇菜灿黄的花朵，点点散落水面，于柳阴倒影掩映之下，甚是惹人注目。我便与同好花草的朋友们闲谈，称，倘若青年男子能够约着心仪的姑娘，在这湖畔漫步，仿佛不经意间，偶遇此花，便将“参差荇菜，左右流之”诗句吟诵，并爱情比兴之说娓娓道来，定可赢得姑娘钦佩的眼光。只一点务须在意：这手段只合清晨使用，倘若贪睡晚起，午后再约姑娘去湖畔，眼见的荇菜都是萎蔫的花朵，怕是这段情缘也要就此枯萎凋敝了。因荇菜之花逢着烈日曝晒，便会迅速卷曲皱缩，这本是植物自保花蕊之术，却也教看花人不可太过惬意，至少要与睡魔缠斗取胜才好。

荇菜既可作祭祀之物，想必曾为古人取食。后汉东吴陆玑称，荇菜位于水下之茎色白，“以苦酒浸之，脆美，可案酒”。明代文人陈继儒，本是沪上华亭人氏，所作《岩栖幽事》之中有言：“吾乡荇菜烂煮之，其味如蜜，名曰荇酥。郡志不载，遂为渔人野夫所食。”荇菜嫩滑，如今民间亦偶有采撷作野菜者，取初生嫩叶焯了，煮为汤羹，有清鲜之气。至于所谓甜美如蜜的“荇酥”，怕是要么加糖共煮，要么在夸大其词了。

倒是唐人曹唐有诗句，描绘汉武帝思念李夫人事，言道：“迎风细荇传香粉，隔水残霞见画衣。”荇菜之花原本无香，招蜂募蝶，所依凭者，唯独金色花瓣罢了。依着古意，荇菜与窈窕淑女之关联，此处言细荇香粉，怕是渲染意境大过真实。这或与“荇酥”相仿——故乡野味，思念之下，自然颇以为甘甜，且不论那原本应是草味的青涩，还是水味的寡淡了。

几般化身名实误

李时珍在《本草纲目》中称，莕菜因其“叶颇似杏”，故而得名，又有诸般别名，曰凫葵、水葵，曰接余，曰金莲子，曰屏风。“凫葵”之名源于《唐本草》，《尔雅》中则称其叶片名“苻”，凫葵与苻葵二名或相通——所谓葵，指菜中滑嫩者；所谓凫，指雁鸭类水鸟，因此一说莕菜如雁鸭一样漂浮，一说莕菜为雁鸭喜食。“接余”之名亦见于《尔雅》，取其叶接连而生之意。楚辞之中称之为“屏风”，《招魂》中言：“芙蓉始发，杂芰荷些；紫茎屏风，文缘波些。”莕菜叶背常带紫色，故而乃有“紫茎屏风”之说。至于“金莲子”，北宋罗愿《尔雅翼》中指明：“花黄色，日出照之如金，故名。”

南北朝时，颜之推撰《颜氏家训》，记有一则关于莕菜名称的尴尬。莕菜生水泽，故水乡之人多识，北地河湖稀疏，荒野广漠，莕菜难得一见，故黄河以北各处，常有传言，《诗经》所谓“参差荇菜”，实应是“参差苋菜”——苋菜野草也，北地颇多，山坡道旁，俯拾皆是——纵使博士亦口称“参差苋菜，窈窕淑女”，自以为得之矣。贻笑世人。

倒是莕菜又有别名曰“靥子菜”，李时珍道此名淮人所谓，又载这名字的出处乃是《野菜谱》——此书明人王磐所编（一说滑浩所作），图文兼备，却未见莕菜或“靥子菜”，倒是有“眼子菜”一条，叶片漂浮水面，每叶一眼，并配以诗曰：“眼子菜，如张目，年年盼春怀布谷，犹向秋来望时熟。何事频年倦不开，愁看四野波漂屋。”许是浮叶于水面之草，古人未经细辨，故而明清

图说 荇菜之花金黄色，花冠边缘细裂，形如流苏[下图]。荇菜属亦常有开花白色的其他种类：刺种荇菜[上排左图]又名龙骨瓣荇菜，花小而边缘较平滑；金银莲花[上排中图]是较大型的荇菜，叶片大如睡莲，花冠多毛；龙潭荇菜[上排右图]是2002年发表的新物种，花冠具毛而基部黄色。

两代，常将这所谓的“靨子菜”当作荇菜的别称。实则世间别有水草，叶似眼目，今名就叫作眼子菜，与荇菜本非一物。

金莲银荇恨龙潭

原本我曾以为，荇菜仅有金黄色花而已，后来才知晓，荇菜之属，我国约有七八种之多，除却开黄花者，亦有银白色花的种类。其中最为惹人喜爱的当是“金银莲花”——因着花瓣上部银白，基部金黄，故有此名，其花多生流苏状毛，恍若纤细的小兽，懵懂可人。我曾在云南西双版纳的山间丛林里头，远远瞥见一汪狭小逼仄的水塘，里头漂浮着几片宽大的叶子，约莫草帽般大小，叶子边缘的缝隙之间，竟然钻出几朵小巧的花，小到与那叶子全不相称。但花又极精美，惜乎隔着杂木沟壑，只可远望，却看不真切。这便是我与金银莲花的初遇。晚上回到住地，心有遗恨，第二日借了同伴堪比望远镜般的相机镜头，再去寻那水塘，远远为那小花拍了几张照片，聊以慰藉。

荇菜一族，另有开白色小花者，名“水皮莲”，又别有“小荇菜”，然则最为悲怆的种类，非“龙潭荇菜”莫属。此物于2002年才被正式命名，仅见于台湾桃园县龙潭乡。我曾读过最初发现这一未明植物者林春吉先生的一段记录，大略如下：早在1996年，林先生因调查水生植物之故，于龙潭乡池沼中见了一片荇菜，绝类印度荇菜（即前文所言之金银莲花），此后又数番探询，方知二者略有分别；那池塘本为村民承包，用作养鱼，因秉承古来饲养之法，鱼与水草并存，相安无事。岂料四年之后，池塘主人引入别样鱼种，虽外来之物，却可售得高价，这些鱼苗甚是凶暴，啃食水草之力迅猛。林先生颇觉得不妙了，便与诸位专家一道，去采集了未明荇菜的标本，于2002年正式发表论文，命名为“龙潭荇菜”。亦是在同年，那水塘中已无龙潭荇菜踪影。

如此传奇之物，我是无论如何想要亲眼得见的。两年前赴台湾考察，我便与林春吉先生取得联系，恳请他为我指点龙潭荇菜发现处的详细位置。“你怕是找不到，我陪你同去可好？”虽是唐突求教，原本素昧平生，因龙潭荇菜之缘，林先生开车载我前往，但见那里莫说水草，连鱼塘也踪迹皆无了。一个物种，尚未为人熟知，便已消亡无迹，这才是最可令人哀叹之事。

幸而龙潭荇菜尚未于世间全然绝迹。荇菜之类，常可以茎叶繁殖，切一枝浸于水中，其根自生，又成新株矣。龙潭荇菜迄今尚未有人见其结果，繁衍子嗣，唯依此法。我于林先生家后院水池中，终于得见了人工繁育栽种的龙潭荇菜，恰逢花开，可谓无憾。台北植物园亦有栽种，想来这一物种暂且不至于灭绝，但换言之，它却又已然灭绝了——倘使在野外天然环境之中绝迹，仅靠人工种植，那便是所谓的“野外灭绝”。我自忖并非悲天悯人的性格，然而竟也循着古人之法，为龙潭荇菜填《江亭怨》词曰：“草色水光混濯，金盏银台璎珞。早起绣罗衣，敢教天孙错愕。岁岁暖风寥落，卷起故园白垩。何事怨龙潭？学作杨花漂泊。”自知画虎类犬，贻笑大方，却终究不免为这水草发一两声全无意义的哀叹。——及至2014年，遥闻台湾桃园县已然展开龙潭荇菜复育工作，试图恢复野外族群，虽艰辛，却实可谓幸事了。

其十九

鸭跖草

露洗芳容别种青

鸭跖草

古之鸭跖草，即今之鸭跖草（*Commelina communis*），隶属于鸭跖草科鸭跖草属。

一年生草本，高20–50厘米，茎常披散或匍匐，多分枝；叶互生，披针形至卵状披针形，基部具鞘；二歧聚伞花序，常具1–2朵花，与叶对生，藏于佛焰苞状总苞片内，总苞片折叠状，展开后为心形；花冠两侧对称，萼片3枚，膜质，花瓣3枚，上面2枚较大、深蓝色，下面1枚较小、白色；可育雄蕊3枚，退化雄蕊2–3枚，顶端4裂，裂片蝴蝶状，雌蕊1枚；蒴果，椭圆形。产于我国东北、华北、华中、华东、华南等省区，生于湿地、潮湿草丛、房前屋后。

鸭跖草生水泽潮湿处，墙后阴地亦颇常见，其叶似竹，茎依稀有节，花生茎端，三出，一瓣色白而小，二瓣碧蓝似翅，其态绝类飞禽。又似虫，或曰如蝇，或曰如蝉，故别称“碧蝉花”。此花捣汁液，可染靛蓝，其法至今犹存。

鼻斫之勇化草生

如何才能被世人尊为“勇者”呢？并非一定要于两军阵前，亲冒矢石攻城略地，取上将首级易如反掌观纹。《说文》言道：勇，气也。气上涌而有胆量，气之所至，力亦至焉，心之所至，气乃至焉。故而《庄子·徐无鬼》中讲述了一则民间勇者之事，虽小技，亦可赞叹。相传楚国郢都有一人，勇而有胆略。此人将刷墙所用的白色垩土，取一点涂抹于鼻头之上，状若蝇翼，使匠人石斫之——斫者，以斧斩也——匠人石运斧生风，呼啸而落，恰将郢人鼻端白色砍去，而鼻子却无丝毫损伤。郢人立不失容，面不更色，真乃勇者是也！宋元公听闻此事，欲意效仿，以得勇名，故而召匠人石前来，曰：“尝试为寡人为之。”匠人石答道：“臣则尝能斫之。虽然，臣之质死久矣。”挥斧斩下虽易，只是郢人已死，再无鼻斫者，此技艺唯独二人相得才可施展。

庄子路过惠施的墓前，向弟子们讲起了这段故事，用以表达对惠施离世的惋惜与悼念。虽然庄子、惠施政见不同，经常彼此辩论诘难，然则二人性相投契，惺惺相惜。故事讲罢，庄子叹曰：自夫子之死也，吾无以为质矣，吾无与言之矣！苏东坡称此为“郢人之鼻斫”，一说郢人乃善涂者，非郢都人，这却无害故事本意。唐人陈藏器《本草拾遗》之中，记有“鼻斫草”，即以郢人故事为由。此草花开时，生得恍若人面，消瘦森然，鼻唇之处亦有一点惨白，恍若郢人所涂垩土，故而得名。陈藏器又言：吴人呼为跖，斫跖声相近也。——于是这饱含勇者遗风的野花，转音变作了“鼻跖草”，这一误读绵延千三百年，由唐朝直至如今。

薄翅舒青势欲飞

然而今日这野草之名却又与鼻子无涉，叫作了“鸭跖草”。此名亦唐时即有，历代医家沿用，然而“鸭”意殊不可解，古人默然，今人意欲强解，言，鸭跖，鸭之脚掌也，象形而得名。我是以为此说并不可取，鸭跖草无论花叶，无与鸭似，何况鸭掌乎？想是此草生于潮湿之处，或溪边，或河湖畔，乃至水泽之地及屋后阴处，彼地鸭鹅之类亦多，以鸭近水而生，喻此草喜湿，兼以此草嫩时，鸭子喜食，故有鸭名。——此亦是臆断，却似勉强可解，聊胜鸭掌之说。

若言鸭跖草与家禽的干系，倒是又有别名叫作“鸡舌草”。《本草纲目》援引陈藏器之说：“叶如竹，高一二尺，花深碧，有角如鸟嘴。”那所谓的鸟嘴，李时珍详解之曰：“结角尖曲如鸟喙，实在角中。”这所谓的“角”，今人称之为“总苞片”，未有花蕾时，此构造即已生出，至果熟犹存，两侧扁而略似镰形，曰鸡曰鸟，皆堪称象形。

倒是鸭跖草之花，由“鼻斫草”得名之故，可谓形似人面，但细看去，那人又生得眼眉倒竖，腮瘦短须，一副奸诈模样。古人更喜欢将这花朵，比作蝶蛾，比作幽蝉。此花有瓣三枚，二枚蓝色如翅膀状上扬，一枚白色下弯，正是李时珍所谓的“四五月开花，如蛾形，两叶如翅，碧色可爱”。唐人不赏，至宋时，鸭跖草托名碧蝉花，间或为文人惦念。南宋杨巽斋有《碧蝉花》诗赞之曰：“扬葩簌簌傍疏篱，薄翅舒青势欲飞。几误佳人将扇扑，始知错认枉心机。”

因着入秋花仍盛放，稍耐秋凉，可承寒露，故而古人终究将鸭跖草看作怀有些风骨的野花。宋人翁元广有诗曰：“露洗芳容别种青，墙头微弄晚风轻。不须强入群芳社，花谱原无汝姓名。”古时无名，如今的鸭跖草终于勉强跻身园林草木之中，散乱地栽种了，用作地被景观；倒是它的表亲，有数种作为观赏花卉为人呵护，譬如巴西水竹叶，譬如紫露草，譬如吊竹梅，惜乎皆是舶来洋物。今人亦有稍充博学者，似模似样地将鸭跖草错呼为“鸭拓草”，可怜这野花古时无名也就罢了，如今名姓俱全，却被误读，如此看来，倒是不入那群芳社、万花谱之类的才好。

鬓边斜插碧蝉儿

鸭跖草的旖旎与柔情，依旧全看花朵。碧蓝轻盈的小花，常被风流才子昵称为“碧蝉儿”，即咏花之形色，又暗合了美人鬟发之上装点的饰物。宋末陈允平有《浣溪沙》曰：“双倚妆楼宝髻垂。佩环依约下瑶池。鬓边斜插碧蝉儿。不嫁东风苏小恨，未圆明月柳娘悲。舞休愁叠缕金衣。”虽非为鸭跖草所作，但婀娜纤弱的

图说 鸭跖草之花具3枚花瓣[右图]，2枚上扬，其色深蓝，下方1枚色白而较小，待久遭日晒，蓝色花瓣先萎蔫蜷缩[左上图]。南方常见的竹节菜[左下图]，亦是鸭跖草近亲，然花瓣3枚皆为浅蓝色，细辨之下即可区分。

美女鬓角，插的那一只碧蝉儿，倘使换了鸭跖草花，想必别有一番韵味，惹人遐思。

然而在我年幼时，尚不懂得那么多委婉心思，只记得一起玩耍的女孩子里头，也有人摘下鸭跖草花，美美地或插耳畔，或别领间。只可惜那花朵甚是娇嫩，只消折断枝茎，过不片刻——至多十分钟的模样——花瓣便失了水灵，渐渐卷曲皱缩，尤以蓝色的两瓣委顿得迅疾。眼看着原本曼妙的花朵，窸窸窣窣一般，化作了狼狈不堪的模样，委实是令人痛心的体验。久而久之，纵使贪恋鸭跖草花那纯粹的蓝色，女孩子们也不舍得将花掐下了。

实则鸭跖草花清晨开放，若经阳光曝晒，花瓣亦会萎蔫，变为皱缩的蓝色小球状，即使无人戕贼，亦不能支撑许久。人力不可及，徒呼奈何罢了。花落之后的果实作小包状，绵延数日，终于转作枯黄色，种子乃熟。李时珍将那种子称作“灰黑而皱，状如蚕屎”，虽颇不堪，倒是形容得确然无误。我于深秋采撷鸭跖草的种子，精心装在袋中，被路人围观询问，因问者甚是无礼粗鄙，我便无心作答，只冷淡地回答：“虫子屎。”“虫屎何用？”答之曰：“泡茶。”对方全无置疑，摩拳擦掌，似也要寻些“消暑滋阴”的虫子屎去。这回答虽是胡编乱造，倒并非全然误导，鸭跖草在古时医家看来，确可去酷暑疫热，只是并非用种子，而是茎叶捣烂所得的汁液。

采撷种子时我却又有发现。鸭跖草一枚鸟嘴状的“总苞片”里头，往往生有二花，开时上下罗列，花后结果，自然也是两枚果实。然而那两只果子却并非同时成熟，往往一枚先熟，种子掉落而出，几乎落尽，相隔五七日，另一枚才迟迟成熟。倘使先熟的种子为虫鸟所食，后熟者或可避开风险，这大约也算是野草经年累月所积攒下的些微智慧吧。

此方独许染家知

鸭跖草茎叶似竹，因而民间称之为“碧竹子”“竹叶菜”。倘使为毒虫恶犬所伤，将茎叶揉烂出汁，敷于伤处，可具解毒消肿之效；所提汁液也可用于治疗毒疮，无论咽喉肿痛或痔疮，取汁液涂之，皆具效用。民间亦有将鸭跖草幼苗与红小豆煮水饮用之法，消暑利水，只是我未曾亲尝，不知那滋味如何。

倒是鸭跖草蓝色花瓣的汁液，我是亲眼见过为人应用的。南宋董嗣杲《碧蝉儿花》一诗言道："翠蛾遗种吐纤蕤，不逐西风曳别枝。翅翅展青无体势，心心埋白有须眉。偎篱冷吐根苗处，傍路凉资雨露时。分外一般天水色，此方独许染家知。"赞这花草的姿态气度，末尾却说到了染色之事。——鸭跖草的两枚蓝色花瓣，因易被阳光摧残，故尤为珍贵，巧匠需趁天光初亮、露水未退时，将那些鲜嫩的花瓣采下，捣烂为汁液，可以当作颜料用于绘画，又可染色以制手工，故而民间别称其为"蓝姑草"。南北朝时，刘宋郑缉之《永嘉郡记》所载，有县产草，叶似竹，可染碧，名为"竹青"，此地所丰，故而名之为"青田县"。这既是青田得名由来，亦可见鸭跖草古时为人所用。

相较蓼蓝、木蓝等染色草木，鸭跖草之蓝，初染颇深，放置一昼夜，便渐浅淡而作天蓝，轻快纤巧。这却是别样染料所不及的，那些厚重的深蓝色，因着太过浓郁黏稠，最终落得染了粗布衣裤，成了古时平民百姓最为寻常的衣着。然而鸭跖草的蓝却禁不得洗涤，经水洗过晾晒，倒有大半的天蓝色会变作青黄混杂的不正颜色。——纵使小心侍候，经些时日，鸭跖草所染的蓝也会渐渐褪色。这终于成了古人弃用鸭跖草染色的理由，直至如今，世人渐次改换了心思，以为难以长久维继的天然物，才是更为宝贵的珍品，故而今有江南手艺者，以鸭跖草花作草木染，制得的淡蓝色亚麻布别具风情，虽价格不菲，亦受追捧有加。

其二十

薄荷

风枝露叶弄秋妍

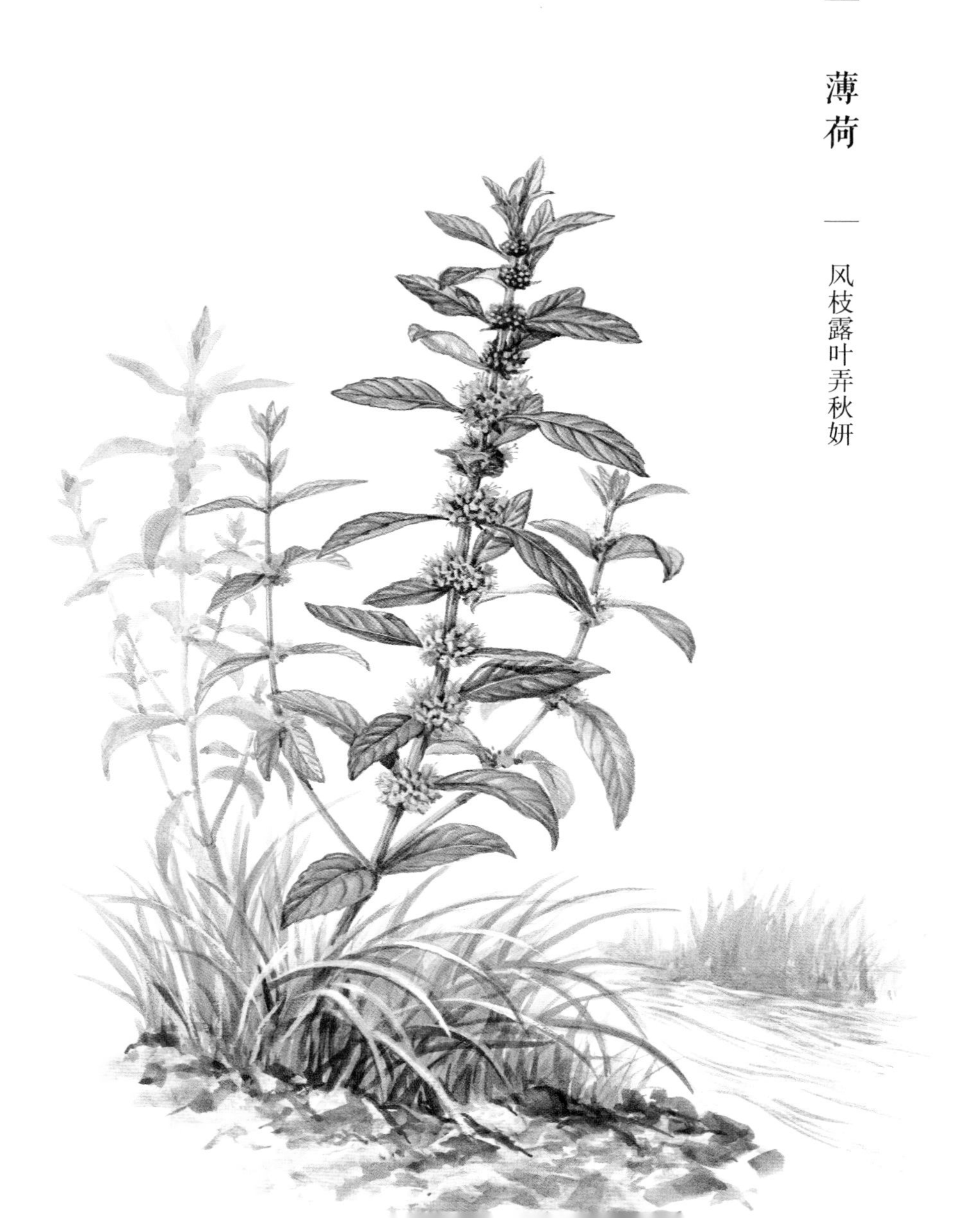

薄荷

古之薄荷，即今之薄荷（*Mentha haplocalyx*），隶属于唇形科薄荷属。

多年生草本，高30-60厘米，茎四棱形，具槽，上部被微柔毛；叶对生，椭圆形至披针形，边缘具疏生粗大锯齿；轮伞花序，腋生，轮廓球形；花萼绿色至红褐色，管状钟形，萼齿5枚，花冠淡紫色至近白色，略被毛，4裂；雄蕊4枚，雌蕊1枚，花柱先端2浅裂；小坚果，卵珠形。产于我国各地，生于水畔湿地。

薄荷怀异香，清凉鲜酥，可解倦怠乏力，并治暑热。此草见诸水畔，山间溪旁尤多，挺立而生，叶两两相对。花色或惨白，或微紫，绕茎而生，甚小，集于叶间。薄荷之爱自秦皇始，今仍不衰。或言猫亦嗜食薄荷，谬矣，猫醉者虽似薄荷，终为他物。

有意投毒难掩香

南宋理宗年间，纵然宋蒙联军终获大捷，攻破蔡州，平灭了金朝，但于宋廷自身而言，无非是逐狼而得虎罢了——蒙古大军屯兵待发，虎视眈眈，此为外患，朝中军政糜乱，明争暗斗愈演愈烈，此乃内忧。彼时杨恢知黄州，兼修兵甲，以做御敌之备。忽一日清晨早饭时分，餐桌上隐约传来薄荷的清香之气，惹得杨恢心生疑惑：薄荷乃去热解暑之草药，岂有早餐乱食之理？越是细细想来，越觉蹊跷，杨恢弃饭不食，却差人找来白鸡黑犬——相传破解鬼魅妖法最具效用——以早餐饲喂，过不多时，鸡犬皆毙命。恰逢同族小儿前来，吃此饭食，至晚间亦死于非命。杨恢大惧，想必有人投毒加害，于是惶惶然找来号称可解百毒的丹药服下，呕血数升，方才保得性命。

必是有人在饭食之中动了手脚！杨恢命人将厨庖烹饪一干人等尽数收监，严加盘问，终有厨子吐露了实情——此人本是军前更夫，后改作厨子，却被派系之争中的对头童德兴买通。童德兴密赐毒药，教他伺机置杨恢于死地，因着杨恢生性谨慎，那毒药须制得无嗅无味，难以察觉，然而毒性却不够猛烈。故而童德兴特意叮

图说　薄荷通常茎叶绿色，但深秋山间溪畔的薄荷，植株也可变为红褐色[左图]。如今多种薄荷属物种都被当作芳香植物栽种，皱叶留兰香[右图]原产欧洲，嫩叶亦可食用。所谓的“猫薄荷”实则并非薄荷，而是荆芥，与薄荷可谓表亲，如今“六座大山荆芥”[中图]等荆芥品种常被作为观赏花卉栽种。

嘱：倘使毒性不发，可使薄荷诱之。厨子虽已下毒，又怕量小势微，难以济事，等不到观看是否毒发，就连同毒药与诱发所用的薄荷一道，掺入了饭食之中。薄荷虽非毒草，但可发汗散热，多食损人元气，故可使毒物有机可乘。幸而薄荷气味浓烈，不易遮掩，杨恢才察觉到了异常。既然有了厨子证词，朝廷遣了使者，去童德兴处责问，童德兴却因密谋败露，已畏罪服药自尽了。

温泉奇卉蔓秦宫

薄荷虽在南宋颇易寻得，然而上溯至秦朝，在中原人士看来，这依水而生、清馨四溢的香草，实乃草中之珍贵佳品。秦始皇吞并六国，成就了一番霸业，随之而来的土木工程也轰轰烈烈地展开了——其中之一，便是霸占骊山，将周幽王所建的骊宫整改扩建，换作富丽华美的皇家温泉，号“骊山汤”，后世又称之为“温泉宫”。此宫既成，天下奇花异木纷纷送至，因了温泉暖热，南国草木亦可栽活。西汉学者扬雄作《甘泉赋》，描绘温泉宫胜景，有词句言“攒并闾与茇葀兮，纷被丽其亡鄂”——所谓“并闾”乃棕榈树是也，本生于长江之南；而“茇葀”便是薄荷了。

原本薄荷即喜水湿，常伴河湖溪流而生，又因此草清凉的香气别具一格，不类他草，倦乏时撷二三叶，或服食，或揉搓深嗅，可解倦怠，乃至消暑解忧，这正与秦始皇的一番奇遇暗合。相传秦始皇遇神女指点，方知晓了骊山温泉之妙用，非止游乐，更有祛病疗伤之效，后人所谓“神女调温液，年年待圣人”，即此意是也。所栽薄荷之功，与神女所赐温泉之效略同，故而这香草一时遍布，颇受恩宠。

薄荷得名，一说与其清香有关。古时薄荷名茇葀，亦有别名曰蕃荷菜（此处“蕃”字读音作“鄱”），李时珍称，诸般名称，具因读音转变，相互讹来。然而究竟薄荷二字其意作何解释，古人终究并无详解。直至现代，夏纬瑛于《植物名释札记》中称：“薄”者，“馞”或“馝”之音转；“荷”者，“藿”之音转。馞、馝其意为香，藿意为叶，“薄荷”之名，应以“香叶”解之，即为带有清香气味的叶子。诸般古名，与薄荷之音皆相似，当是同源而来。

馥叶清凉消溽暑

古时医家虽将薄荷看作性温无毒之草药，然而南北朝时名医甄权言道，瘦弱及久病初愈者禁食薄荷，可致虚汗不止——这大约与薄荷可诱毒发的原理类似，况且此物多食，于人不利，我于此深有体会。约三五年前，至滇西北高原拍摄草木照片，原本即在山间高寒之处宿营数日，颇受寒气侵扰，腿脚酸软，食欲皆无，后来终于回得城镇之中，休整了半日，再赴山间。进山的路口处，荒村野店，仅有一户人家向往来过客出售饭食，我们便在那里午餐，因久未吃到大块肉食，同行青年男子数人，个个恍若恶狼，竟将那小店里大凡能够制作的荤腥悉数要来。其中最诱人的一道菜肴名为“薄荷炸排骨”，煮熟后久置的排骨以热油炸过，硬韧如肉干，配以炸到酥脆的薄荷，滋味极美。人多肉少，带了油炸之气的薄荷也遭哄抢。饱餐之后，我们即入山去也。

岂料甫一钻入林中，树阴遮了日光，更兼路旁溪水冰凉彻骨，湿气弥漫，我便感觉腹痛如绞，行不百步，已三遗屎，所泻皆稀黄之物，惨不忍睹。无奈之下，我也只得独留在后，又因山中尽是未知险阻，还需一人与我做伴。过不多时，本是为了留下陪我的队友，也感腹中不适，勉强忍了下来。我们两人相互奚落了一番，仅在山脚缓步前行，再无气力去爬山坡了。更晚些时候，听前面的队友称，又有几人相继腹痛，故而怀疑那小店或许太过简陋肮脏了。仅有一人始终生龙活虎，问之，答曰：“我就不喜欢薄荷的味儿，一口都没吃！”——这终究成了无头公案，或因薄荷吃了太多，或有其他缘故，总之在那之后，我纵然依旧偏爱薄荷的味道，也再不敢将那清凉的叶子当作寻常菜蔬牛饮鲸吞，每次仅浅尝辄止罢了。

倒是每逢夏日炎炎，在山野之间行走时，见了野生薄荷，我总喜爱掐下一两片叶子，略揉出汁液，贴在脑门或头部两侧穴位之上，消暑解乏，其效甚为显著。——在我尚年幼时，由长辈处学得此法，二十余年，屡试不爽。然而薄荷虽春日萌生，夏可采其叶，但花开时，往往已至初秋，故而陆游之诗方言道：“薄荷花开蝶翅翻，风枝露叶弄秋妍。”实则直至深秋，草木渐次凋零，水畔的薄荷往往依旧残存些许。我曾在霜降时节，见过两枝寒风之中不肯安息的薄荷，茎叶恍若霜叶般变作红色，只花朵依旧保有本色的惨白。后来我自己亦用瓦盆栽植薄荷了，倘使挪至屋内，养护得当，可凌冬不凋。

近三五年来，栽种香草一度成为风尚，所植多是西方舶来种，我却只乐得引了本土原生的薄荷来，任由它们在花盆里恣意繁茂——这又与种植香草的姑娘们有别，伊们喜爱掐下薄荷的嫩叶，混合了砂糖淡酒及碎冰，调制带有薄荷香气的饮品，故而薄荷落入其手，往往千疮百孔，不得安宁。我是很想将栽植薄荷的古法告知那些姑娘们的，伊们的消暑饮料，尚缺一道工序，欲得清凉，还要为薄荷们泼上些粪水才好——北宋赞宁《物类相感志》中言道：倘使欲收薄荷叶，须以隔夜粪水浇灌，雨后乃可收，否则薄荷之性不凉。

薄荷香中醉欲颠

北宋文士陆佃，论述诸般鸟兽迷恋之物，曾有言曰：薄荷，猫之酒也；犬，虎之酒也；桑椹，鸠之酒也；茵草，鱼之酒也。猫食薄荷，则如酒醉之状，步履蹒跚，故而亦有本草学家以为猫与薄荷之间存有生克之理，被猫伤者，当以薄荷汁涂之。宋时猫曰狸奴，乃名贵珍稀之物，堪称捕鼠奇兽，为人所知甚少，然则猫醉薄荷一说，却于文人之间广为流传。大诗人陆游乃陆佃之孙，自然秉承乃祖之说，多有咏猫之作，而不忘薄荷——猫既珍贵，故而邻人所得猫崽，须以精盐方可换得，此习俗名为“裹盐”，又须以鱼赠送主人家，南宋时迎聘猫只，无不如此。陆游既得一猫，喜而作诗曰：“盐裹聘狸奴，常看戏座隅。时时醉薄荷，夜夜占氍毹。鼠穴功方列，鱼餐赏岂无。仍当立名字，唤作小於菟。”南宋诗人陈郁得猫，喜见其穿梭牡丹花下，沉醉薄荷香中，故有诗句称：“牡丹影晨嬉成画，薄荷香中醉欲颠。”

如今猫已沦为寻常之物，无须鱼盐为聘礼，城市之中甚至能够捡得无主野猫。至于猫与薄荷，今人也已论述得透彻：猫所嗜食者，实非薄荷，而是与薄荷同宗香草，名为荆芥。因了其中含有“猫薄荷内酯”等物，可使猫兴奋如醉，又可助猫吐出腹中毛球，故而称作“猫薄荷”。荆芥虽有薄荷之名，却与薄荷有别，古人当是未将荆芥与薄荷区分开来，故有薄荷醉猫之说。今人养猫，间或有不明所以者，以寻常薄荷挑逗，猫或理睬，或不理睬，终不作兴奋痴狂之状。

其二十一

马齿苋

日高羹马齿 霜冷驾鸡栖

马齿苋

古之马齿苋，即今之马齿苋（*Portulaca oleracea*），隶属于马齿苋科马齿苋属。

一年生草本，茎平卧或铺散，肉质，多分枝，圆柱形，常带暗红色；叶互生，有时近对生，倒卵形，扁平，肉质肥厚；花簇生，常3–5朵；萼片绿色，2枚，盔形，花瓣黄色，常5枚，倒卵形，顶端微凹；雄蕊常8枚，花药黄色，雌蕊1枚，柱头4–6裂；蒴果，卵球形，盖裂。产于我国各地，生于路边、荒地、田间。

马齿苋伏地而生，不畏干热，而其茎叶肥嫩，蓄水之技颇精。其花黄而五出，果作碗状而倒扣，熟时籽出，黑且细小。古人以其叶青、梗赤、花黄、根白、子黑，五行俱全，故呼之“五行草”。传此草感阴气而生，多见诸陵墓，然亦有取食之法。今人虽食，烹之甚粗鄙，全然不得其道。

菜中马齿掩嘉蔬

自成都徙居夔州的杜甫，心中总怀了一点愤懑与嫌恶——入蜀十数载，想来他并非对于蜀人心怀偏见，只因世间乱象横生，心忧家国天下，兼怀自身的困顿境遇，终于使得杜甫频发怨言，责夔州风土之恶，人俗之鄙。于此所作的《最能行》一诗，最是直抒心绪：或责土人轻生逐利，“峡中丈夫绝轻死，少在公门多在水”；或恶其轻诗书而远仪礼，“小儿学问止《论语》，大儿结束随商旅”；至于民风，一言以蔽之，“此乡之人气量窄，误竞南风疏北客”。

混迹恶土刁民之间颇为艰辛，幸而有夔州都督柏茂林的关照提点，杜甫才终于得以暂时安定下来，待屯公田，兼理果园农事，以谋衣食。然而世风既已浊腐，岂又容得他归园田居独善其身呢？纵使州督有言，令那掌管菜园的园官多为杜甫行些方便，然而园官却乃势利之徒，寻不得好处，便懒散倦怠起来，或三五日不送菜蔬，或以滋味苦涩寡淡的野菜充数。眼见着园官所送的杂蔬一团混沌，杜甫问曰：此何菜是也？答此皆园中菜。杜甫半是自语地缓缓言道：可知此菜名苦苣，恶草也，横生道路，不知进退；此菜名马

图说　马齿苋之花清晨即开，遇长久日晒，便渐渐闭合，午后少见盛放的黄色小花。

齿苋，亦恶草也，味乱口舌，致人混淆。

由此之故，杜甫乃作《园官送菜》一诗。此诗先述原委，“苦苣刺如针，马齿叶亦繁，青青嘉蔬色，埋没在中园”，继而以此而叹世风日下；其中单论那马齿苋，云：“又如马齿盛，气拥葵荏昏。点染不易虞，丝麻杂罗纨。”菜之美者，葵菜至孝，荏菜怀香，然而若多食马齿苋，可致人乱而不知他菜之味，无论嘉蔬恶草，食之皆相近。仿佛君子遭玷污毁谤，最难防范，绫罗彩锦混入粗麻杂丝，不易分辨清晰。——诗序有言：“伤小人妒害君子，菜不足道也。”

五行妖草聚冤魂

所谓马齿苋，寻常野草是也，李时珍称“其叶比并如马齿，而性滑利似苋”，故而得名。因着植株肥厚多汁，饱含水分，纵使生于旱地，亦不易萎蔫困顿，这本是植物应对劣境之法，却被古人

图说 马齿苋极耐逆境，城市之中往往少有土地，墙脚砖缝等处，马齿苋都可滋生。纵使久旱不雨，马齿苋也可顽强存活。

看作此草凝聚阴气，所谓“感一阴之气而生，拔而暴诸日不萎”。加之乱坟陵墓之间，往往多有马齿苋遍布，人们便更加乐得将这野草当作冤魂厉鬼聚集的阴气变化所出。如此不吉之物，也难怪被认作恶草，用以比喻小人了。

由于多汁而不易晒干，古人对于马齿苋难免生出诸般猜疑。五代韩保昇修《蜀本草》，记马齿苋奇闻一则：“节叶间有水银，每十斤有八两至十两已来。然至难燥，当以槐木锤碎，向日东作架晒之，三两日即干如隔年矣。”故马齿苋别名“长命菜”，纵使拔出土来，放置数日，复又栽回土中，也时常能够保得性命。我曾亲身验证过，于办公楼外路边缝隙之中，拔了两株马齿苋，端端正正摆放在桌子上，之后下班回家去也；三日之后，那马齿苋仍旧未能萎蔫，只作绵软无力之态，将植株栽于花盆中，避开烈日，精心浇水养护，不过三五日，植株就重又变得生龙活虎。这只不过是为了印证古人所谓的耐久不死之说，倒是委屈那马齿苋了。

北宋苏颂认为，马齿苋“叶青、梗赤、花黄、根白、子黑”，五种颜色分别对应了五行之木、火、土、金、水，五行俱全，所以又名“五行草”或“五方草”。古时方士多识马齿苋，采撷用作炼制金石，所谓“伏砒结汞，煮丹砂，伏硫黄，死雄制雌，别有法度”。

风俗相传食元旦

我得以识得马齿苋，是因为它的不好吃。儿时间或采摘野菜，以作时蔬，马齿苋亦赫然在列，但那滋味委实怪异——说不清是何味道，恍若寡淡无味，却又与其他菜蔬不同，更兼口感黏润，既不爽脆，也不糯韧，仿佛口中咀嚼的是一条嫩滑无骨的鼻涕虫。小时候对于类似口感的食物，大都喜欢不来，故而刻意记下了马齿苋的名字与模样，每每遇到，便故意避而不采。多年后才知晓了关于马齿苋的种种，杜甫以之为粗鄙菜蔬，在我是心有戚戚焉，更何况古人将这植物看作冤魂化身，细想之下，当初我们那一群小孩子，真个在残存不多的荒乱坟头之上，寻找过马齿苋来着。如今追忆，才感到些许寒意。

然而这又毕竟是种可食之物，加之至为寻常，田边路旁俯拾皆是，古人难免将其采将回去，聊充饥肠。士大夫们以为，沦落到取食马齿苋的境地，与土人类同，实乃贫困窘迫之状，唯有避世隐者，方可安之若素，将这恶草烂菜泰然咽下肚去。陆游蜗居山野村头，不问功名，只饮酒吟诗，作《遣兴》一首，其中有诗句曰："日高羹马齿，霜冷驾鸡栖。"日上三竿，煮了马齿苋作菜羹，白露为霜，且乘村人所制的简陋"鸡栖车"而行，食无鱼，出无车，却无须在意庙堂之上的勾心斗角，如此，不亦快哉？

及至明朝，食野菜之风日盛，为着救荒，人们也便顾不得许多说辞，管它冤魂厉鬼，菩萨神明，只消能填饱肚子就好，故而民间多有取食马齿苋之法，久而久之，竟将这野草当作了美味。王磐《野菜谱》中言道，夏日采摘马齿苋，以沸水煮过，晾作干菜，冬日可食，荆楚风俗元旦以此为食，并有诗句曰："马齿苋，马齿苋，风俗相传食元旦。何事年来采更频，终朝赖尔供飧饭。"

清人吴其濬所著《植物名实图考》中，又记了一则食用之妙法："淮南人家采其肥茎，以针缕之，浸水中揉去其涩汁，曝干如银丝，味极鲜，且可寄远。"以马齿苋作干菜，与荆楚习俗略同，唯独处治之法更为烦琐。此草茎去汁液，晒干若银丝，则应了前人

图说　阔叶半枝莲[左图]是近年来常见栽种的马齿苋观赏种类，叶片扁平，花通常单瓣，色彩各异。南方海滨野生的毛马齿苋[右图]花较小，颜色仅有紫红色，于日光照射下方才盛开。

之言语——节叶间有水银——只是此水银非彼水银，鲜嫩之味，全在其中。

盛装扮作太阳花

得知年年春日精心栽种的花草竟是马齿苋，于我可谓痛击。自儿时起，我便与家中长辈一同，乐此不疲地栽种太阳花——此花种子极细小，春日播种，需将水浇得充足，待到土壤湿润而不作淤泥状时，以细碎湿土混合了种子，均匀散播；幼苗亦极小，初时浇水务须谨慎，否则可将那幼苗尽数冲倒；生长月余，植株方稍壮

图说　大花马齿苋别名“死不了”，剪下花枝插入土中，往往即可成活。又因叶如细棒，花开常重瓣而繁复，亦被称作“松叶牡丹”。大花马齿苋花色繁多，大红、紫红、淡粉、明黄、暗橙、纯白，乃至杂色，混栽一盆，花开时颇为热闹。

硕，叶似细棒，肉质而多汁；至花初开，常在夏至前后，花朵或重瓣，或单瓣，色泽鲜活浓郁，红似焰火，黄若鎏金，白胜瑞雪，又有淡粉、紫红、深橙诸般颜色，相邀齐绽，最是热闹。因此花随骄阳而开，比及阴雨，花蕾虽熟，而终不绽破，可静候两三日，非待沐浴日光不可。——太阳花之名由此而来。民间又因此花掐下一枝，埋于土中即活，故称之为“死不了”。花开繁盛时，常有老妪掐了自家花盆里的枝条，带着即将绽放的花蕾，十余枝一把，带去清晨的市场上贩售，价钱约与两枚西红柿相同。

少年时我曾颇为迷恋那纷繁的色彩，特地取了不同颜色的细线，于花开时捆绑在枝茎上，以为标识。惜乎每一朵花只开一日，败落之后，果实生于茎顶，似小碗倒扣，熟时自裂，种子乃散落而出。彩线的标识此刻便有了用场：通常紫红色花及粉色花居多，其余色彩略不寻常，我便分门别类，将不同花色的种子，分别收集起来，留待来年散播。

后来听闻这“死不了”花又名松叶牡丹或半枝莲，这还罢了，竟然中文正式名叫作大花马齿苋——这也是马齿苋不成吗？于我心目之中，这最廉价的花朵，却是夏日里最令人愉悦的灿烂，岂可与滋味不堪的马齿苋同宗呢？但书中又明明写得明白：大花马齿苋，原产巴西，是一种美丽的花卉，繁殖容易，扦插或播种均可。这确是马齿苋的异国近亲，不容辩驳，纠结了好一阵子，我也只得将此作为事实接受下来。

读到中学之后，我已渐渐少了植花弄草的精力与兴致，与大花马齿苋终究疏远起来，仅是间或看看阳台上的花又开得一年，光阴荏苒。一隔十数年后，去杭州公干时偶然见了花池里，有种类似大花马齿苋的植物：花朵形态极近似，均作单瓣，然而叶片却并非细棒状，而是如寻常的马齿苋一样扁平。此花一名阔叶半枝莲，一名马齿牡丹，乃新近引种的花卉，而后两三年间，各地均有栽种。我却始终对最初的大花马齿苋情有独钟，觉得但凡叶片扁平，就与杂草马齿苋太过相似了。

于热带海滨见到野生的马齿苋热烈开放，是在两年之前的台湾岛南端。邻近海滨的道路旁，一丛仿佛微缩版的大花马齿苋，小巧精致地绽放于烈日下。那是名叫“毛马齿苋”的野生种类，叶片仍作小棒形，花色固然仅有单调的紫红，但不同于待人呵护的花卉，这一群花草竟满怀野性。直至此时我才释然：野生的马齿苋，也可生得如此美妙，那与口腹滋味无关，与阴魂厉鬼无涉，只需低下头去静静观赏就好。

其二十二

——

藻

——

翠藻漫长孔雀尾

藻

古之藻，以今之穗状狐尾藻（*Myriophyllum spicatum*）为正，隶属于小二仙草科狐尾藻属。

多年生沉水草本，根状茎在水底泥中蔓延，节部生根，茎圆柱形；叶常5枚轮生，有时3–6枚，丝状全细裂，裂片细线形；穗状花序，顶生或腋生，挺立出水；花单性或杂性，雌雄同株，上部为雄花，下部为雌花，中部有时为两性花，常4朵轮生；雄花萼筒广钟状，4裂，花瓣紫红色，4枚，雄蕊8枚，淡黄色；雌花萼筒管状，4裂，无花瓣，花柱4枚，柱头羽毛状；果实小坚果状，卵状椭圆形。产于我国各地，生于河流、湖泊、池沼中。

除穗状狐尾藻外，古人所谓藻，亦泛指多种沉水水草，包括菹草（*Potamogeton crispus*）、金鱼藻（*Ceratophyllum demersum*）、黑藻（*Hydrilla verticillata*）等种类。

藻生水中，其类颇多，然古人所谓者，一为聚藻，一为马藻，余皆不论。夫聚藻者，今名“穗状狐尾藻”，生诸河湖水下，叶四枚一轮，细碎裂作丝状，花出水乃绽，似穗而立，雌雄有别：雄者色黄，居穗顶，雌者棕红而生雄花下。藻者澡也，时时自洁，然满池杂糅，舟楫难行，惹人生恶。

鱼在在藻　有颁其首

美女褒姒或许真个是西周的劫数？

自周幽王宠幸褒姒以来，便愈发荒淫，不理朝政，不恤黎民，连西周发源之地岐山崩坏这等上天警示，也是一副事不关己的架势，终日只顾与褒姒饮酒取乐。为博褒姒一笑，幽王可谓煞费苦心——先是找来了技艺最为高超的乐师，鸣钟击鼓，品竹弹丝，褒姒只回应了一句“妾恶音乐”。继而闻得褒姒专好听人手撕丝绸之声，幽王即命人撕了无数彩绸，却依旧换不得美人嘴角半分笑意。自有宵小进言，演上一出烽火戏诸侯，或可成功。幽王当即遣人将镐京城外骊山脚下的预警烟墩，悉数举火点燃，狼烟冲天，诸侯以为贼人来犯，发兵来救，幽王却安居高楼之上悠然道：“并无外寇，不劳尔等跋涉。”见诸侯面面相觑，徒劳往返，褒姒终于拊掌浅笑了。

西北犬戎王觊觎中原已久，听闻周幽王无道，又有申侯因忌惮褒姒加害，投奔犬戎，请兵欲袭镐京。于是戎兵大举来犯，逼近周都，幽王再命人点起烽火，诸侯倦怠，全无响应，故而听任犬戎围城。直至此刻，幽王方才仓皇失措，忽而听得镐京城中，民谣四起，朗朗短歌，字字真切，唱道：“鱼在在藻，有颁其首。王在在镐，岂乐饮酒。鱼在在藻，有莘其尾。王在在镐，饮酒乐岂。鱼在在藻，依于其蒲。王在在镐，有那其居。”其意约略可以翻作：鱼在何处？水藻之中。头肥脑硕，摇摆萌动。王在何处？居于镐京。饮酒为乐，其乐融融。鱼在何处？水藻之间。尾长体健，摇摆翩翩。王在何处？镐京居安。饮酒为乐，其乐悠然。鱼在何处？水藻之中。蒲草香馨，可作依凭。王在何处？定都镐京。宫室华美，安逸雍容。

周幽王听罢大怒——贼人来犯，此危急存亡之时，岂有安居镐京饮酒之理?！或曰，百姓此歌，所言非本朝事，乃歌颂周武王之德也。武王平商纣之乱，于镐京定都，四海安定，百姓方得安居乐业。歌中水藻，乃高洁之草也，用作比拟镐京之繁华。后来这首歌谣被录入《诗》三百中，编目篇名是为《诗经·小雅·鱼藻》，被后人看作讽喻，明则赞颂武王，实则讽刺幽王无德失政。至于诗作的主角周幽王，则在这“鱼藻”的歌声中，眼见着镐京被戎兵攻破，最终落得个身首异处的结局，非但未能保得美女褒姒的性命，更断送了西周绵延两百余年的基业。

涤以甘泉　荐以方篮

藻之得名，即可见其品性——北宋陆佃《埤雅》之中言道，藻，“其字从澡，言自洁如澡也”；李时珍亦称，“洁净如澡浴，故谓之藻”。先秦时尊崇水生植物，以为出于清水者，性必如水般清澈，水藻更兼了洁身自持的特性，时时勤自省，勿使惹尘埃，故而被人们当作高洁之物。

明朝时龙门县之学署，有斋名为“藻轩”，此名为青华主人所取。大儒李东阳由此作《藻轩解》一文，借青华主人之口赞颂水藻之德。相传有客过，因藻轩之名而发难，言世间草木，或巨或秀，或坚或芬，山苞水葩，莫可具陈，水藻纤细之物，岂堪为名？主人对曰：“夫藻者，气孕天秀，根含地灵，内秉柔质，外敷素英。不雕而华，匪馞而馨。顺时生者为孙命，与物徙者为和光。宁负洁以自濯，亦何心于行藏？”纵使委身于泥沙，漂泊至天涯，却能守正持节，故而主人以藻为名，但求“下雪民隐，上华国勋”。此文言辞华美，惜乎隐于书海浩瀚，少为今人所知。李东阳大约可以算作水藻的知己，文中称藻之功劳，“涤以甘泉，荐以方筐”，实则乃先秦事：所谓“大夫妻采蘋藻”，所得水藻，因洁净鲜滑，被视作上品，非但可以制羹为食，亦可用作祭祀先祖。

然而食藻之风如今早已遗失殆尽，连民间也不屑将水藻采作野菜，而仅会大肆打捞一番，抛诸河湖岸边，当作饲料，养猪养鸡养鸭所用，或待其自然曝晒风干，打作碎干草留以备用。实则明清两代，尚有食藻之法流传：所采水藻，先以清水煮软，去除腥气，之后与面一同蒸食，口感滑嫩，味道鲜美，亦具去暑热之功效。明人王磐《野菜谱》中，有“牛尾瘟”可用作救饥，观其图形，应是水藻一类——其中记载，此草冬月可与鱼一同煮食，夏秋亦可食；又有诗句言道：“牛尾瘟，不敢吞，疫气重，流远村。黄毛字，乌毛敦，十庄九疃无一存。摩挲犁耙泪如涌，田中无牛更无种。”此草以“瘟”为名，为人所忌，而所谓的疫气，倒不妨看作水藻的腥臭气味。大凡打捞水藻，总能嗅到稍带腐朽的腥味儿，藻叶上亦常附有少许黏稠液体，略似鱼虾水族分泌物，当是水中有机物所致。今人对水藻的嫌恶，多是因这黏液气味不佳，却又总不愿以烦琐工序除此异味，久而久之，便无人肯以水藻为食了。

笔花文藻卷中开

藻生水中，柔曼蜿蜒，古人观其形态，以之纹路为美，故而称藻为“水草之有文者”。《礼经》之中言道，旧时形容文辞华丽，用“缫”字，如今形容文辞华丽，用“藻”字。缫者，丝绸也，细腻而有光彩；藻叶如丝，与缫略同。南宋陈郁有诗句曰“笔花文藻卷中开”，此中“文藻”，便借藻之文采，喻文章辞藻皆是妙笔华章。

然而古来水草类别颇多，亦有粗笨者，有负“文藻”之盛名。《本草纲目》所载，水藻世间常见二种：其一叶长二三寸，叶两两对生，名为“马藻”；另一种叶细如丝及鱼鳃状，节节连生，名为“聚藻”。以今人观点而言，所谓“聚藻”，应是如今的狐尾藻一类，因其根茎柔嫩，随波摆荡之态颇轻盈曼妙，更兼其叶细裂如丝，与“文藻”之说最是相符。至于“马藻”者，则似如今菹草，其叶稍宽，不作丝裂，叶或对生，或稍分离，团聚水中常作凌乱状，少人玩赏。

约莫十余年前，我曾为考察河畔湿地植被，溯永定河而上，行至上游山谷间，见一处滩平水缓，便与同行者一并脱去鞋袜，卸

图说　古人所谓水藻常见两类，一为“马藻”，一为“聚藻”。马藻最近如今之“菹草”[上图]，水下叶片条形，花挺立出水，淡红褐色，少人玩赏。聚藻应指如今的“穗状狐尾藻”[下图]，水下叶片丝状，花生于水面，小而聚集成穗，带红色及黄色。

下装备，打算赤脚渡至对岸。岂料尚未行至半途，水已及腰，加之脚下卵石颇滑，一时间有些步履维艰。同行者更识水性，前去探路，我站立在河中间等待，却也由此之故，得以靠近水藻细细来看：河水之中蔓延荡漾的是诸般狐尾藻——便是最符“文藻”之意，亦是最可看作“藻”之正统者——中极为寻常者，名为穗状狐尾藻，平日沉于水中，唯至花开时，枝头生出细棒，挺立出水，小花方才纷纷绽放，使得那细棒一时装点作穗子状。那些钻出水面的细棒正悠悠然地在我腰间轻微摇曳，我只需略低头，就能看得清它们的详细构造：细碎的雄花呈淡黄色，聚于细棒上端；雌花则不似那般张扬，只泛出内敛的红褐色，聚集在棒下近基部。我看得近乎出神，忘却了身边流淌的清冽河水，遗失了水流的低鸣声，仿佛周遭俗物都已无关紧要。如今回想，那个瞬间心里的恬淡安然，依旧能够抓得住丝丝缕缕的残余。

然而说起狐尾藻，却有华南的朋友问我道：“那个不是水族箱里跑出来的家伙么？”近些年来，自华中至西南各地，最是惹人注目的种类，乃是名叫“粉绿狐尾藻”的外来之物——此物原产于南美洲，本是当作鱼缸水草引入我国，逸至河塘池沼之中，往往繁衍成群。它们又不似本土的狐尾藻那般安分，植株稍茁壮，便纷纷钻出水面，虽则满目翠绿，却可致原生种类遭受排挤，造成生态入侵。初见时我尚赞其叶裂得细碎，姿态可谓优雅；待知晓其劣性，每每见它霸占池塘河道，便深为之心忧。仿佛如今的孩子们通晓洋文外语，却识不得些许汉字，这舶来的“文藻”也正潜移默化，蚕食着自古传承的水藻们理应卫护的地盘。

绿藻潭中系钓舟

因着生于水中，自古水藻便被认作能够防火的植物。古时建筑物多木质构造，最惧失火，故而在栋梁之上刻画水藻图案，以期预防之效。宫室、寺庙殿堂之中，正上方顶棚处常作伞盖状，所绘图纹，以水藻、荷、菱等水生植物为多，因此这一建筑结构名为“藻井”。

然而舟子们却对于水藻满怀厌恶。唐人张籍有诗句言“藻密行舟涩”，水藻虽柔，然而茂盛成群时，亦可阻舟船前行。自小学至初中，每至夏日，我总会去湖畔祖母家小住，许是担心男孩子顽皮，总有人反复叮嘱我，切忌去水藻繁茂之地游泳戏水。彼时靠近码头的岸边，常有专人打捞水藻，故而长辈仅允许孩子们于码头周遭玩耍。

我曾在这湖中被水藻缠住过腿脚，因为刚刚学会游泳未久，慌张了好一阵子，故而有些杯弓蛇影的味道，不大敢于深入湖心险地。因此多年以来，我倒是从未再有过溺水的机会。只记得有一次，我们三五个孩子睡过午觉，跑去码头，但见岸边多人围观，甚是繁乱，尚未探得究竟，就有邻家叔婶将我们赶回家去了。第二日听闻，是有个孩子误入乱藻丛中，施展不得，终于力尽而亡；待为人所察知，又打捞了好一阵子，寻得尸骸时已浸泡得太久，那模样，倒是我们小孩子不看为妙。

自那之后，我对水藻便多少生出切实的畏惧感。而后又偏偏独自在午夜时，看到了一则经典故事：某男子行至湖边，问钓鱼人道，湖中水藻可还茂密么？钓鱼人言，此湖中向来无水藻。男子忽

图说 如今南方水池中常见成片生长的粉绿狐尾藻[左图]，原产热带美洲，实为外来入侵物种，原是鱼缸造景水草，后逸为野生。粉绿狐尾藻之花极细小[右图]，生于茎上叶腋间，若非留意，常难分辨。

而悲哀恸哭。他曾与女友一同溺水，但觉“水藻”缠脚，便奋力将之蹬掉，终于逃脱；女友却不幸身亡。此刻他方知晓，纠缠腿脚的并非水藻，而是女友散乱的长发。后来在大学里头，我所研究的课题，竟然也是水藻，于是几个孤寂的假期，我独自困守在阴森的标本馆里，翻看一份份早已干燥的水藻标本，恍然觉得其中一些竟是头发所化。那故事与那些标本，不知何故搭配得相得益彰，如今想来，在我背后，依旧会感觉到不祥的寒意升腾。

其二十三

—

菟丝子

—

君为女萝草　妾作兔丝花

菟丝子

古之菟丝子，或指今之菟丝子（*Cuscuta chinensis*），或指今之南方菟丝子（*Cuscuta australis*），二者皆隶属于旋花科菟丝子属。

今之菟丝子，一年生寄生草本，茎缠绕，黄色，纤细；无叶；花簇生，侧生，常成小伞形或小团伞花序；花萼黄白色，常5裂；花冠白色或黄绿色，壶形，裂片常5枚，三角状卵形；雄蕊5枚，雌蕊花柱2枚；蒴果，球形。产于我国东北、华北、西北、华中、华东等地区，生于草丛、路边、田间、山坡。

菟丝子唯见黄丝，并无点绿，亦不见叶，丝缠他草以窃水肥养分，终岁偷生。依附已毕，则根往往自断，而黄丝愈盛，交错纵横，花开丝上，色黄绿，五出而小。菟丝子既行依附事，古以之喻婚姻，菟丝女萝，相依常伴。

爰采唐矣　沬之乡矣

青年男子且行且歌，向着濮阳沬邑郊野的桑树林中而去。顽童稚子妄图学他的歌唱词曲，不能尽明其意，徒得其音，却也似模似样地悠扬唱起："爰采唐矣？沬之乡矣。云谁之思？美孟姜矣。"顽童无知，自有邻人听得明白，便将那语句译作俗语，教授村童——诗句骤然化为了彼时的情歌："到哪去采菟丝子？要去沬邑的郊野。我的心里想着谁，姜家美丽大小姐。"男子至桑林，与姜氏幽会，缱绻缠绵，依依不舍。分别之际，男子复又唱道："期我乎桑中，要我乎上宫，送我乎淇之上矣。"半是依恋，半是追思。

此乃先秦卫国事——儒家称卫郑之风最淫，青年男女，不依媒妁，私通野合，可谓礼崩乐坏、国祚倾颓之兆也。那些诗句收入《诗经·鄘风·桑中》，因着不合礼法，常为正人君子所指摘。且不论古时是非，单是前赴邀约的男子所持之物，亦颇值得玩味：唐，又名蒙，又名唐蒙，今名呼为菟丝子，此为纤柔蔓草，茎若黄丝，缠绕攀附而生，无叶而生花。男子赴美人之约，何以费尽心机采那菟丝子呢？《神农本草经》所载，菟丝子"汁去面䵟"，以汁液涂面，可除黑斑，故而此物古时即为民间美白护肤佳品，馈赠美女最是贴心。更兼医家以为，菟丝子为阳草，具添精益髓之效，专治心肾虚损，真阳不固，别名“火焰草”，服食可令男子持久刚强。于女可润容颜，于男可助淫乐，私会桑林幽僻之所，菟丝子实可谓情侣必需之物。

可怜此物无根本

葛洪《抱朴子》言道：“菟丝之草，下有伏菟之根，无此菟，则丝不得生于上。”又云：“菟丝初生之根，其形似兔。掘取割其血以和丹服，立能变化。则菟丝之名因此也。”因了菟丝子无根自生，无叶自繁，古人才有了诸般揣测，譬如《吕氏春秋》便称，菟丝子上为黄丝，下为茯苓。实则兔子也罢，茯苓也罢，菟丝子细茎之下，时常空空如也，半分奇幻妖孽之物也无。今人以为，此草寄生，种子萌发，即生黄丝，盘绕他草，茎上生出细小须根，状如吸盘，刺入他草茎内，攫取养分——待到安然寄生妥当，发芽时初生的旧根也渐渐枯萎不见，故而古人将其看作无根之草。

既然无根，文人墨客难免为此感伤，将菟丝子用以类比四海漂泊、难归故土的游子。北宋黄庭坚《临河道中》一诗言道：“觉来去家三百里，一园兔丝花气香。可怜此物无根本，依草著木浪自芳。风烟雨露非无力，年年结子飘路傍。不如归种秋柏实，他日随我到冰霜。”纵使一时繁茂，花开满枝，也不过是无根草罢了，感念身处家族中时，彼此关照有加，如今流离异乡，不禁发一两声哀叹。

在我读大学时，曾受晚辈之托，为刚刚发芽的菟丝子拍照：黑褐色的种子极细微，纵使长久浸泡于水中而饱胀，大小亦不足粟米的四分之一；由这褐色的种子里头，倏忽钻出一条颜色浅淡的细丝，触手一般，妖孽一般，满怀恶意地舒展开去，分不出是根还是枝条。我原本对菟丝子并不十分介怀，然而拍过这些照片，竟然真个隐约感觉，此草怕是带有鬼魅气息的吧。那晚辈却需将菟丝子栽种到一种名叫“刺萼龙葵”的杂草周遭——这杂草原本生于北美，侵入我国荒野之间，横行无忌，挤占本土植物生存空间，可谓外来入侵植物是也，学者欲设计除之，然不得其法。希冀着以菟丝子寄生之力，遏抑这“刺萼龙葵”的活力，以毒攻毒，以暴制暴。这法子由谁想出，我是不得而知，只心里暗自觉得不得要领：菟丝子寄生，非为置寄主于死地也，寄主若死，菟丝子亦不能活，岂可作根除凶暴恶草之用？那研究终究不了了之，我悻悻笑道，以兔制龙，以弱凌强，不亦反乎？

倒是因菟丝子根部原本就没有什么兔子，古人“伏菟”之说，作为菟丝子命名由来多少有些牵强了。后来读到夏纬瑛《植物名释札记》有言，古时命名，多用牛马指大，以鸟雀鼠兔指小。菟与兔通，菟丝倘使解作“微小细丝”，其意亦颇通顺。

与君为新婚　兔丝附女萝

自汉代传承的《古诗十九首》之中，菟丝子又是别样面貌——“冉冉孤生竹，结根泰山阿。与君为新婚，兔丝附女萝。兔丝生有时，夫妇会有宜。千里远结婚，悠悠隔山陂。思君令人老，

图说　南方菟丝子植株若黄色丝线状，蔓延于其他草本植物群落中[下图]。除丝线状的茎，整个植株仅在开花结果时才显出生机：无论花果，均数枚聚集，相较于茎之纤细，花果均显得较肥硕[上图]。

轩车来何迟？伤彼蕙兰花，含英扬光辉。过时而不采，将随秋草萎。君亮执高节，贱妾亦何为？”婚姻之事，原本即需夫妇相互扶持依凭，菟丝柔曼，女萝亦是附着无根之物，两相协力，方可绵延。李白借此而作《古意》，其中有词句曰：“君为女萝草，妾作兔丝花。”

菟丝子自是寄生纤弱藤条无疑，那所谓的“女萝”是为何物，自古众说纷纭，莫衷一是。或曰菟丝别名女萝，原本一物；或曰女萝乃松萝是也，悬挂于高山松柏之上，今人将其看作地衣之属，为藻类与真菌的共生体；或曰菟丝子有数种，女萝为其中之一，同是菟丝，而详细种类有别。总之那女萝并非坚实草木，与菟丝子一并，具缥缈摆荡之意。

如今所谓菟丝子，最常见者共有二种：正式名叫作“菟丝子”者，别名黄丝，又有“南方菟丝子”，与前者极相似，唯独花开张口大小有别，不易区分。今人或称古时女萝，当指南方菟丝子而言。初学植物学时，我曾以为所谓“南方”，那种菟丝子理应生在南国才是，北地不见，因而每遇菟丝子，便都囫囵吞枣一般，将之看作别名黄丝的那一种了。后来才知道，实则纵使在北方，黄丝亦不十分常见，反而是南方菟丝子更多些，常常聚作凌乱细丝，错综缠绕，杂于荒草之间。我也曾专门向人请教过这二者的区分，说是黄丝之花，开口稍小，故而果实生成，为花瓣残余所包裹，南方菟丝子花开口较大，果实仅被裹了一半——这委实并非区分妙法，聊胜于无罢了，何况迄今为止，专业植物书籍之中，关于各类菟丝子的文字描述和绘图，彼此尚有差异，多少令人无所适从。

倒是另有一种肥硕的菟丝子，名为金灯藤，又名日本菟丝

图说　日本菟丝子正式名为“金灯藤”[右图]，茎红褐色，粗壮而略具斑点，植株常寄生于高大草本或低矮灌木，花色较淡。日本菟丝子的种子黑色，稍以水浸泡即可萌发。[左图]

子，茎若加粗铁丝一般，其色黄绿而浅淡，常生红色斑点。此物与寻常菟丝子不同：无论黄丝抑或南方菟丝子，均寄生于草上，而金灯藤常于林间缠绕灌木细枝而生，一者吃草，一者食木，寄生功力立见高下。因《诗经·小雅·頍弁》之中有“茑与女萝，施于松柏”之句，故而有人以为，所谓女萝，应是寄生树木之上方合古意，这金灯藤才是古人所谓的女萝。

菟丝金缕旧罗衣

唐时有黄陵美人，作《寄紫盖阳居士》：“落叶栖鸦掩庙扉，菟丝金缕旧罗衣。渡头明月好携手，独自待郎郎不归。”菟丝子恍若罗衣上的纤纤丝缕，这比喻原本拿捏得极妥帖，然而因了年幼时的顽皮，读到此句，我竟觉得脖颈之后骤然泛起了丝丝寒意。小时候男孩子总喜爱去四野“探险”，我们便在一条排污河的水畔荒草丛里寻觅，那里多有各色垃圾杂物，破旧芦席，硕大螺丝母，印有彩色图案的单只塑料凉鞋，如此不一而足。忽一日，我们在草丛里头见了一只肉色长筒袜，彼时可谓稀罕之物，小孩子们惊叹了好一阵子，却不知是谁最先提起：哪有人将好端端的袜子丢弃呢？那必是女鬼所遗之物！

鬼怪之说，是小孩子之间永不过时的谈资，也是最易将自己吓到的话题。总之我们丢下那长筒袜狂奔而去，惶惶如丧家之犬，生怕落在后头，被女鬼捕获。过得两日，虽是心怀畏惧，但又耐不住好奇心的折磨，我们复去河边勘察，长筒袜不知去向，草丛里却见了一丛乱糟糟的黄色“丝线”，一扯即断，不似人造纤维，倒有几分鲜嫩的味道，像是有生命一般。女鬼就在这地下吗？这是女鬼的头发，黄毛女鬼！袜子变成黄毛了！——小孩子们再度惊叫着逃窜。

那是我印象之中，第一次细看菟丝子。后来虽不至于再信什么女鬼之说，却始终觉得这黄丝带着不祥的诡异，仿佛废弃电线无规则地团绕，稍一紧缩，便可使人窒息。故而看到菟丝子与金缕罗衣的比喻，我便无端想起女鬼的丝袜，想起乱糟糟一团电线的压迫感，于是心中难免轻微震颤。然而至此为止，我一次也未曾感觉到菟丝子带有未知的灵性——有的仅是诡异罢了——直到前一年秋末时分。

因故想要采集一些菟丝子的种子，于是我便寻得一片荒地，里面生有一团菟丝子。晚秋风已渐冷，菟丝子果实挂于枝茎上，只尚未变作成熟的枯黄色。约莫每隔三五日，我都会路过荒地，看一眼菟丝子的生长状况，如此持续了将近一个月，终于等到那些果实开始变色。“明天就去采集吧。”如此决定了，然而第二天为琐事缠绊，再过一天又耽搁了，直到又拖了一日，才迟迟去采收。岂料非但果实和种子，连一根菟丝子的黄色柔茎都见不到！它们莫非一夜之间枯萎而死了不成？那也总该留下残骸才是吧。周遭全无人或动物踩踏的痕迹，想必是菟丝子自行消失了。在理性驱使下，我大约更愿意相信，一旦果实成熟，菟丝子的整个植株就会迅速腐烂凋亡，不留一点痕迹，但谁又能知晓其中的真相呢？直到这时，我才觉得或许菟丝子真个有些通灵之处，难怪古人以为此草与兔子相关——只略一耽搁疏忽，它便如狡兔一般不知逃向何处。

其二十四

—

决明

—

花开无数黄金钱

决明

古之决明，以今之决明（*Cassia tora*）为正，隶属于豆科决明属。

一年生亚灌木状草本，高1–2米；叶互生，偶数羽状复叶，具3对小叶，小叶倒卵形至长椭圆形，顶端圆钝而有小尖头，略具毛；花通常2朵聚生，腋生，花梗丝状；花萼绿色，5裂，裂片稍不等大，外面被柔毛，花瓣黄色，5枚，下面2枚略长；可育雄蕊7枚，花药四方形，雌蕊1枚，花柱内弯；荚果，纤细，近四棱形。产于我国长江以南各地，生于山坡、旷野、河滩，如今南北各地均有栽种。

除决明外，古人所谓决明，有时亦指槐叶决明（*Cassia sophera*）、望江南（*Cassia occidentalis*）等种类。

决明之花惨黄，虽五出，然常垂头，叶作羽状，小叶两两相对，大者略似马蹄，花落结角，狭长若线，籽曰决明子，颇具明目之效。旧时书生秉烛夜读，眼目损毁，以决明子为良药，故俗呼此草作“书生草”。入秋花仍繁茂，可耐苦雨深寒。

堂上书生空白头

秋雨萧萧，绵延的寒意浸入草木之间，催生出遍地落叶，满树残枝。雨中的杜甫途经别家院落，在这肃杀的晚秋中，忽而望见了一抹灿黄——院中窗下的一捧花草，正开得亮丽光鲜，既不畏这秋雨的彻骨湿冷，亦不在意天色的连月阴霾。兀自绽放的是一丛决明，杜甫正欲为其花的桀骜风骨赞叹，却又在不经意间，瞥见了决明身后的窗中，依稀可辨的书生身影。这决明本受读书人喜爱，民间唤作书生草，植于书香人家亦属寻常，然而只见那窗内伏案的文士，眉梢紧锁，面色惨然，全无才思，唯独拙笨之态溢于言表。灯影昏黄，杜甫终究看得真切，此人鬓角已然花白，想是岁月磨砺而成的吧。这莫不是位皓首穷经却屡试不中的落第书生么？杜甫丢下疑问，也将一声轻微的哀叹留给了苦守着决明花的无才书生。

彼时世间乱象已有预兆——单是这秋季，竟霪雨六十余日，奸相杨国忠却依旧蒙蔽唐明皇道，雨虽多，不误秋收。杜甫实已嗅出了不安稳的味道，放眼民间，大凡稍有心者，皆为个人生计而忙碌，仿佛虫蚁鸟兽，知天气将变而预先搬迁储备，以求自保。但反观那书生，纵使家境殷实，倘使如此冥顽不灵，也难免落得个坐吃山空的境遇吧。杜甫有感而作《秋雨叹》一诗，曰："雨中百草秋烂死，阶下决明颜色鲜。著叶满枝翠羽盖，花开无数黄金钱。秋风萧萧吹汝急，恐汝后时难独立。堂上书生空白头，临风三嗅馨香泣。"——至于秋雨、书生、决明这景象，究竟是杜甫亲见，抑或只是意想中的景致，如今自无人知晓。后人解读，亦有将那书生看作杜甫自比，悲叹朝中难以安身。唯有原本即在深秋灿烂的决明花，说它指代奸相，或者象征坚韧品性，大约都是后人臆断，太过勉强。

病目向来俱有赖

决明之籽入药，颇具明目之效，由是得名。所谓"欲教细书宜老眼，窗前故种决明花"，古时书生最费眼目，故而多栽决明，取籽服食，聊解眼疾之苦。唐人孟诜《食疗本草》所载决明用法，言道："每日取一匙，挼去尘埃，空腹水吞之。百日后，夜见物光也。"

非止古人旧事，我幼年时也对决明印象颇深：彼时有一同窗，许是视力先天不足，终日戴着厚重的眼镜，大凡于眼目有益之事，无论古法抑或偏方，悉数尝试过。记得有一阵子，此君耳郭穴位贴满了含有黑色颗粒的橡皮膏，且每日必饮决明子水。决明种子乃黑褐色细小形状，以热水冲泡了，于课间时咕噜咕噜喝下一大杯——说是可治眼疾。我等小孩子只知顽皮，觉得决明子的形态，宛如此君贴在穴位上的黑色颗粒，便每每以此为题，说些毫无趣味的笑话。“喏，看他又从耳朵上抠药丸儿泡水喝了，恶心！”诸如此类，如今想来委实伤人。因这一段情由，很久之后偶然喝到决明茶饮，在我嘴角还会泛起浅淡的涩味。至于这饮品是否确有其效，如今已然忘个干净，似乎那位患眼疾的同窗而后转去了其他学校吧。读到明人吴宽关于决明的诗句，“病目向来俱有赖，凉风吹汝莫纷纷”，真心企盼古之人不余欺，坚持服用决明子水可将幼时同窗的眼疾治愈才好，于我而言，也可多少宽慰些心疾——欺侮那同窗的一群男孩子里，我是负责编造童谣的，说他“侏儒眼镜猴儿，头戴俩弹球儿”，嘲笑那副厚重的玻璃眼镜。自然是不该嘲笑的。

北宋赞宁编撰的《物类相感志》中称，圃中种决明，蛇不敢入。此说来由虽不可考，然则古时医家以为，决明可解蛇毒，防蛇之说，许是因此而来。明人所编《霏雪录》中却载，有人家于篱落间植决明，摘以下茶，生三女皆短而跛，而三女甥亦跛。李时珍虽斥此说迂腐而不可信，然而决明之叶，古时亦有“多食无不患风”之说，跛足之症，或与今人所言痛风有关。五六年前，我曾戏言道，决明避蛇，而具诅咒可致跛脚，许是受诅咒者真个是正统的伏羲女娲后人，半蛇半人的特殊物种。今日想来，痛风者忌食豆类，多食可使病发，尤以豆苗、豌豆尖之类为甚，决明亦可谓豆类，嫩叶为茶，久食脚跛，说来倒是顺理成章。

三嗅馨香每叹嗟

说到决明之叶，或烹之为菜羹，或取鲜嫩者为茗，此法古已有之，民间流传甚广。苏辙身在蜀中时，土人仅知决明之花可食，不取其叶；忽一年颍州灾荒，夏秋少菜蔬，有老僧教众人取食决明叶之法；恰有蜀中乡人习得此术，归来授以父老，众人乃知决明叶颇可食。苏辙知此事前后情由，故作诗记曰："秋蔬旧采决明花，三嗅馨香每叹嗟。西寺衲僧并食叶，因君说与故人家。"如今民间，仍有食决明之法，取嫩叶以热水焯过，久浸于冷水之中，待除却苦涩味，方可加油盐调味，或炒制，或凉拌。苏辙虽未言明老僧之法，但决明叶味稍苦，若作菜蔬，想来入口之前，应以相似手段收拾妥当才好。

至于以决明之叶泡茶为饮，却不需如此繁复：嫩叶采下，以火炙出香气，即可作茶饮。古时医家以为，服用此饮，可除痰止渴，令人神清气爽，不知困倦。相传隋炀帝时，有异人唤作筹禅师，作了养生"五色饮"以进君王，决明茶即是五色之中的黄饮——余者：扶芳藤之叶以酒浸过，为青饮；菝葜根加米曲酿酒，为赤饮；羊乳制酪，为白饮；乌梅制浆，为玄饮。然而一说此决明非彼决明，乃茳芒是也，虽与决明同类，然而功效有别。

且不论那"五色饮"所用何物，倒是决明同宗近亲，嫩叶可以制茶者非止一二种而已。我曾于夏末京郊山野之间，偶然喝到过"山扁豆茶"——彼时于小店就餐，所食无非山肴野味，饮品却是农家特有的"山扁豆茶"，赠一小壶，言此可去积食，强健脾胃。那本是向城里人贩售的，干巴巴的枝叶装在小袋子里，全然没有"扁豆"的模样。追问此为何物，农家支吾不答，直至买下了两包，方有人去屋后荒坡上，过不多时，采了一株鲜活植物来。那当然不是什么扁豆，而是决明的近亲：体形较决明为小，花色似决明而黄，果实作豆荚状，故而民间乃有"山扁豆"之名。这野草的中文正式名字叫作豆茶决明，名称里带个茶字，即因可作茶饮之故。

图说　决明之花，黄色5瓣，略低垂做羞涩状，花形常不甚舒展。[上图] 北方城郊入秋可见的豆茶决明[左下图]植株较低矮，民间采摘其叶泡茶饮用。南方栽种的黄槐决明[右下图]常为灌木或小乔木状，花开满枝甚是热闹。

黄槐满径看不足

决明之叶，因其形略似马蹄，又有马蹄决明之称，秋时高可及腰，花颔首低垂，果狭长如角。至于传说中可制“五色饮”的茳芒，今人谓之槐叶决明，植株略高而坚挺，叶似槐，果如长棒而被短毛。此外决明一族，南国多可见高大为树者——初至昆明时，我便因“槐树”开出决明般的花朵而困惑不已，远望依稀是国槐的模样，却开得一树黄花，恍若粉蝶团聚。那时尚坐在车子里头，我便贪婪地趴在车窗上，只为多看片刻那路旁的奇花异木。直待下了车子，我才终于承认了，这黄色花树在昆明委实寻常，一路走来，少说也见了百十株吧。后来听闻此树名为“黄槐”，不禁想要为命名者击节赞叹。

于昆明盘桓数日，寻个空闲，去近郊拜访一位师兄。在附近

图说 双荚决明亦是南方常见的决明，植株作灌木状，花若黄蝶翩然。双荚决明原产于热带美洲，现于全球热带地区广泛栽植，为常见园林花木。

图说 翅荚决明果实如角而具棱，棱上有狭翅，故此得名。翅荚决明如今于我国南方常见栽种，亦逸至野外，生于山林间，实则此种原产于热带美洲，在热带地区作为花卉广泛栽种。

小镇子上寻个破落餐馆，因了同是北来人，我们要了几大盘水饺，风卷残云一扫皆空，继而志得意满，抚着饱胀的肚皮，一路慢吞吞地踱回。穿过村子，穿过方正的院落和高大的夹竹桃树，在小径边见了无数焚烧纸钱的灰烬，细碎的灰粉为微风扬起，卷地飘泊，间或夹杂着未烧的黄纸画符、白纸铜钱。路边全是黄槐，花随风落，扑簌簌地混杂在纸钱之中，仿佛由天降下一场轰轰烈烈的白事。计算时日，前一天恰逢中元节，无怪乎祭祀之事盛行。我却是腹中有食，口无遮拦，见了未燃尽的纸人纸马，配了黄槐的花瓣，恍若以花为衣装，身着蓬松筒裙，便说道，纸人配了裙摆，瞬间化作美女，孝子贤孙许是怕祖上枕边凄冷孤寂么？要特地掺着花瓣祭拜。许是妄言了鬼神之事的惩戒，那天傍晚我罹患了急性腹泻，苦不堪言，不提也罢。

因决明而心生感怀，则是在台北春日阴湿绵软的细雨街头。春寒的微凉惹得人心生灰暗。出门在外，又逢着几遭原本规划之事突生变故，加之雨落无休，更平添了愁怨。树梢皆是水润过的墨绿色，我躲在伞下，低头缓步而行，忽而为转角的一点明亮颜色所打动：那是几株形态颇不同的决明，花朵拥挤地簇生于枝顶，一群小花聚作棒状，于是黄色便格外抢眼。我倏忽生出难以言喻的喜爱之情，便在路边的奶茶店里坐下，边吃了暖烘烘的烧仙草，边闲闲地看那些决明，看它们在黄昏的雨丝中轻摇，偶尔被打落零星的花瓣。那里头有种我行我素的坚持，全然不在意是否有人赞赏，只消开着自己的花就好了。将烧仙草吃个干净，终于觉得手脚温吞着暖热起来，决明花依旧，我决意起身道别——至于形态特异的决明所属何种，我也专门查了志书，应叫作翅荚决明，这倒是无关紧要的后话了。

其二十五

蓼

蓼花蘸水火不灭

蓼

古之蓼，以今之荭蓼（*Polygonum orientale*）为正，隶属于蓼科蓼属。

一年生草本，高1–2米，茎上部多分枝，被长柔毛；叶互生，宽卵形至卵状披针形，基部圆形或近心形，边缘密生缘毛，两面密生柔毛，叶柄具长柔毛，托叶鞘筒状，膜质，具长缘毛；总状花序呈穗状，顶生或腋生，花紧密，微下垂，通常数个再组成圆锥状；花被淡红色或白色，5深裂；雄蕊7枚，雌蕊花柱2枚；瘦果，近圆形，包于宿存花被内。产于我国大部分省区，生于水畔湿地、沟边，各地亦常见栽种。

除荭蓼外，古人所谓蓼，亦指水蓼（*Polygonum hydropiper*）、酸模叶蓼（*Polygonum lapathifolium*）等多种蓼属植物。

蓼生水畔，缘河岸绵延，古谓之“游龙”。其叶略似柳，嚼之辛辣，其花小而聚集，作穗状，常弯垂似狗尾，色红，或浅或深，或杂糅灰白，如野火铺张。蓼花繁于渡口，离人挥别，以寄深情。

国难一如蓼味辛

难道周公真个要发动叛乱不成？年幼的周成王姬诵，心里涌起了不可遏抑的恐惧。身为周武王之子，本应继承父业，稳守这得来不易的江山才是，怎奈武王建国十余载便离世而去，周成王年幼，举国政事便交由周公姬旦代行。岂料自民间至庙堂之上，无不传出流言，称那周公旦自恃武王之弟，不欲屈居人下，将行大事，废黜成王而自立。想这一国实权皆由他掌控，人为刀俎，我为鱼肉，周成王自然心怀惴惴，寝食难安。值此无措之时，周公却来自请外放离京，说什么避嫌，成王心中将信将疑，尔欲离京，何不成全？

周公甫一外出，殷商故都朝歌便传来急报：商纣王之子武庚，伙同管叔鲜、蔡叔度等诸侯一同反叛了！武庚居朝歌，本是周武王安抚殷商遗民之策，为防其乱，特意将管叔、蔡叔等人的封地置于朝歌四周，以为监视。这一干人等同谋叛乱，周成王方才大悟，想是管叔、蔡叔不满周公辅政，又惧他理国治军有方，才刻意散布流言蜚语，待周公失势，乃行叛逆之事。成王追悔莫及，急遣使者邀周公还京，重掌政事。周公归来，成王于朝堂之上，向群臣祈求贤人以靖国难，感极而悲，高歌曰："予其惩而毖后患。莫予荓蜂，自求辛螫。肇允彼桃虫，拚飞维鸟。未堪家多难，予又集于蓼。"这即是后世收录于《诗经》中的《周颂·小毖》，言周成王惩前毖后之事，将逆贼比作毒蜂恶鸟，将所处困境比作辛辣蓼草。这是向周公表明心机，周公也自然不负成王之托，平定叛乱，分封诸侯，此后天下大治，四夷宾服，这才使得周朝八百年基业安稳如山。

周成王用来比喻国难的蓼草，因着味道辛辣，自古为人所知。后来越王勾践卧薪尝胆之时，也用蓼草喻国家不幸，卧居其上，用以自警。后人传言，勾践甚至将蓼草点燃，用辛辣气味熏蒸眼目，涕泪不止，迫使自己时时不忘吴王深仇。

就连这蓼草的名字，也因其气味而来。夏纬瑛于《植物名释札记》中称，古有"熮"字，作剧烈辛辣之意，入口辄刺喉舌，犹如火之灼热，"蓼"之名即源于此。《说文》中称"蓼，辛菜"，古人采食，用以调味，妇孺皆知，故而连那年幼懵懂、一时不辨贤愚的周成王，也能作得出以蓼比喻困境的诗句了。

山有桥松　隰有游龙

蓼有数种，或生山林，或生水泽，其中花开最为艳丽者，当属荭蓼——此草可至一人余高，枝茎张扬，花垂如穗，色红似火，江边水畔绵延数里，宛若霞云。李时珍称，"蓼类皆高扬，故字从翏，音料，高飞貌"，所谓高扬，大约便是指荭蓼舒张伸展的枝条了；而这荭蓼又是各类常见蓼草中最大者，又名荭草，故李时珍又言，“此蓼甚大而花亦繁红，故曰荭。”

既是蓼草之中最惹人注目者，荭蓼也自然少不得在古人诗作之中用于起兴比喻。《诗经·郑风·山有扶苏》之中言道：“山有桥松，隰有游龙。不见子充，乃见狡童。”所谓“游龙”，即是荭蓼。彼时齐国为北戎所困，郑国遣世子忽出兵救之，乃解齐围，齐僖公欲将女儿文姜嫁于郑忽为妻，郑忽却以郑小齐大、不可高攀为由而拒绝了。相传郑人皆怨世子忽失却良机，多作诗歌讽之——此诗亦是刺郑忽所爱非人，山有松木，苍劲威严，君子不爱，却偏偏中意水湿之处蔓延的辛辣蓼草；子充乃郑国貌美良人，君子不见，却仅在意无德无识的狡童小人。荭蓼一因辛辣，被用作比喻宵小之徒，又因繁衍甚多，喻无才识者泯然若众人矣。

这段诗歌却又有另一番诠释，与诸侯全无瓜葛。——女子私会情郎，登山丘仅见古松，赴水畔唯有荭蓼，难觅情人，却有顽童嬉戏而过，徒惹烦恼。所谓卫郑之风最淫，这大约可以看作郑国女子的奔放与哀愁。于我心里，隐约觉得还是这一版本更为恰当，因那蓼草虽然被喻为国难，但荭蓼实则并不如何辛辣。具有强烈辛辣味道的蓼草，水蓼最甚，故而别名辣蓼，余者味道不过尔尔。十余年前，我随导师一同在晋南进行植被考察，并不熟识彼地物种，诸般蓼草难以区分，导师便教我道：揪下一片叶子嚼一嚼，有辣味儿就是水蓼，没有辣味儿，再考虑其他蓼。

荭蓼辛辣之味轻微，倒是唐宋文人，喜爱荭蓼的姿色，以为它夏日茎叶碧绿，生性纯粹，初秋花红，光鲜照人，加之挺立出水而生，出泥不染，故而可谓品性高洁的花草。北宋文人宋祁《蓼花》之诗赞曰：“夏砌绿茎秀，秋檐红穗繁。终然体不媚，无那对虞翻。”三国时东吴名士虞翻直言不阿，虽遭流放，亦心念国家安危，将其与蓼花类比，许是将这江边遍布的野草高抬了些，却也能够看得出宋人对花草的品性是何等偏爱。

一曲晴川隔蓼花

“蓼花蘸水火不灭，水鸟惊鱼银梭投。”南唐中主李璟之词句所言，正是荭蓼。水生之蓼虽众，荭蓼之色却最热烈，故而古人大凡言及蓼花，尽指荭蓼，非是别种蓼草。江南水乡之间，河运码头之畔，蓼花红时，最是烘托离愁别绪。送别亲友止于码头者，望见江河两岸蓼花繁茂，唯恨此花无情，不解离人心思，偏用这热烈鲜活的颜色，作为分别依依的终结。晚唐诗人司空图言道：“河堤往往人相送，一曲晴川隔蓼花。”这一隔，蓼花或许竟可化作天河，此后讵相见期，永隔参商。

从朋友那里听来一则蓼花的故事，亦是关乎分离：相传一铁姓官员离乡赴任，众人相送，约作诗文；其中有一粗鄙武人，怕是胸无点墨，诸文士皆欲观其窘迫之态。至那武人吟诗，开口两句近乎俗俚，全无雅致，曰：“你也作诗送老铁，我也作诗送老铁——”众皆掩面而笑，正欲嘲讽，却听得后面两句言道：“江南江北蓼花红，都是离人眼中血。”词句虽失雕琢，意境却已悠远。此诗既成，四座无不叹服。这故事我是听那朋友娓娓道来的，彼时亦是盛夏，虽未在水畔，想来应是蓼红时节。岂料此次分离，至今竟再未得谋面，那朋友只身赴异国求学，许是已在那边安家了吧。后来我翻遍手中典籍，也未能查得这故事的由来，倒是听闻《还珠格格》小说里头，极相似的诗句出现在情节之中。想是那朋友先看了小说，之后径自演绎作了另一番情调？倘使日后寻了机缘，我当问个明了才是——总不至于我们两人此生便隔了蓼花，再难重逢吧。

蓼花自盛夏始绽，绵延入秋。因寄离愁，故而深秋蓼花，加了凄霜冷雨，便成就了惨淡萧索的景致。冯延巳《芳草渡》词中言道："梧桐落，蓼花秋。烟初冷，雨才收，萧条风物正堪愁。人去后，多少恨，在心头。"金井梧桐，叶落而知天下秋，水畔蓼花，燃尽而不觉寒意，一草一木，此二物常为文人嵌入诗文，指代秋色。

十余年前，北京周边湿地忽而为人瞩目，考察研究者有之，改造绿化者有之，拜此所赐，我才终于初见了蓼花接连满岸的情形。只可惜那是在一座水塘畔，腐水腥臊，虽栽了荷花睡莲之类，亦难掩其异味，岸边的蓼花也应为人刻意栽种，熙熙攘攘挤作一团，纷纷垂着红穗般的花序，失了意境，感觉唯有不伦不类而已。实则我在小时候即认得蓼花——只是彼时唤之为狗尾巴花，亦称作狗尾巴红。名字伧鄙，于是人们从不将它看作金贵花草，只在门口的水沟边随意栽植几株，往往暑假将尽时，那花忽而沉甸甸地盛开满枝。

北地水泽河岸亦有别种蓼草，最寻常者名为酸模叶蓼，生得低矮，成群时亦不作火红，而是红白杂糅状。近些年来，京城之内溪水回环之处，往往仅栽几株荭蓼，枝杈伸张开去，又在其下多植酸模叶蓼，亦可谓借本土物种入园林之中了，这心思是值得赞许的，只是那红色终究浅淡。偶读北宋画士王诜《行香子·蓼花》一

图说 荭蓼之花初开时，花序尚未明显下垂，待花渐繁盛，花序亦下垂如穗[右图]，形如狗尾，民间因此呼之为“狗尾巴红”。野生蓼花的花序或下垂，或不下垂，依种类不同而各异。常见于水畔的酸模叶蓼[左列上图]花序略垂，叶片常具深色马蹄形斑纹。花序较疏松的水蓼[左列下图]又名“辣蓼”，一度是古人辣味调料的重要来源。高原地区的成片生长的圆穗蓼[左列中图]花序短粗，民间称之为“羊羔花”。

词，“金井先秋，梧叶飘黄，几回惊觉梦初长。月微烟淡，疏雨池塘。渐蓼花明，菱花冷，藕花香。”——错落地念出微声，读到“蓼花明”三字，终于领悟，别样蓼花之色终究不够鲜明，难怪古人赞颂，还是要荭蓼才好。

羊羔花繁问喜忧

在贵州的山间，我曾品尝过一次蓼的辛辣——不知是幸还是不幸——不同于辣椒惯常的辣味，带着怪异的刺激感，又有一点点草木的涩味，许是烹饪不得要领吧，总之那并非美妙的感受。古人以蓼为菜，借其辛辣之气而调味，我是着实为他们哀叹了一声的。

那一次是在山中考察，阴雨连绵数日，寒气大盛，沁人脏腑，加之山间终究缺少吃食，我们几人委实辛苦挣扎。又恰逢国庆时节，倘使在城市里头，应当早已放假，或寻欢愉，或逞慵懒，相较之下，委顿于山中，我也唯有顾影自怜更甚。忽而听闻有个什么领导要来山里头视察，林场随从人员，特意备了几斤新鲜猪肉，权作野味——我们可谓沾了光的，山间简陋，一口大柴锅，肉切成小块炒熟，配料则是山中采撷而来的毛竹老笋和水蓼。总之我们数日不知肉味，只因碍着应酬的规矩，才不敢放肆，在领导一干人等之后，捡了三两块肉来吞下，水蓼的独特味道却烧得我好一阵难过，连肉香也抵不过那种不适。明明并非厚重的滋味，却足以夺人口舌。至于何以一定要用水蓼不可，我曾轻声问过，无人应答。后来向贵州的朋友请教，也无人能说得明白。

除却水蓼的辛辣枝叶，古人竟还将蓼子当作食物。相传以胡芦盛了清水，将蓼子浸泡其间，高挂火炉上使之暖热，蓼子可渐生红芽。这发芽的蓼子，可留作“五辛盘”之用，论其滋味，与大麦面同食最为相宜。我是未有机会品尝如此制得的蓼子了，于心底也委实不愿去品尝，一来因吃蓼味不惯，二来也是因曾经有位朋友郑重其事地对我讲：吃蓼子，那是饥荒时的事，连这“吃蓼子”的说辞也为人所恶，不能随意讲出。

那朋友是藏族人，因粗通草木名称风俗，我曾在川西高原向他请教过诸般疑问。其中之一，就是所谓的“羊羔花”究竟为何物。相传母羊生下小羊之后，所遗胎盘落在草地上，即化作了“羊羔花”，究其种属类别，则是生于高原草地之上的蓼类，最常见者名为圆穗蓼。此蓼并无浓重辛辣味道，为牲畜所偏爱，可谓优质牧草，母羊生产时此花初开，可庇佑羊羔茁壮成长。若逢饥荒，这羊羔花的种子也可取食，聊以充饥，但不至万不得已，人们都不愿做出“吃蓼子”的行径。那藏族朋友殷勤叮咛，告诫我莫提吃蓼子，若被别人听了，会连你一起厌恶。仿佛坏事只消说出口，便会真个应验一般。我则忽而想着羊羔花，忽而想着水蓼，想着蓼叶蓼枝蓼子的诸般烹制手段，不禁赞叹乡土不同，民风迥异。说到底，还是羊羔最为豁达，管他叶子也罢，种子也罢，统统吃下肚去，才不负这天赐的食粮。

其二十六

蓟

露重蓟花紫　风来蓬背白

蓟 古之蓟，或指今之大刺儿菜（*Cirsium segetum*），或指今之小刺儿菜（*Cirsium setosum*），二者皆隶属于菊科蓟属。

今之大刺儿菜，多年生草本，高50–180厘米，茎上部分枝；叶基生及茎生，基生叶长椭圆形，常羽状分裂或边缘具粗大锯齿，叶缘常具针刺，茎生叶互生，与基生叶相似而较小；头状花序，单生茎端，数个排成伞房状，总苞片约6层，覆瓦状排列，常具针刺；花紫红色，小而聚集；瘦果，椭圆形，冠毛长羽毛状。产于我国东北、华北、华中、华东等地区，生于路边、草丛、山坡、沟边。

蓟之叶边缘多刺，似虎狼齿爪，藏诸草丛间，竟可伤人。此草北地尤多，生荒丘道边，有大小二类，大者曰虎蓟，小者曰猫蓟，其一入夏花繁，初秋结子，其一晚春即生花，夏日有子。果熟而绽，蓬头皓首，子随白毛飞扬。今有蓟门、蓟州诸地，以蓟一时繁茂得名。

虎狼之地虎蓟生

这便是颇难应对的大宋使臣么？——只见那宋使面庞方正，眉眼狭而犀利，似露出敏锐的寒光。辽国一应小大官员们，早已听闻了关于这宋使沈括的传言。原本大辽遣萧禧前往谈判，言那黄嵬山周遭三十里应在辽国境内，宋廷官员不明地理，几乎将要承认了萧禧说辞。岂料沈括忽而加入谈判，陈列旧约，奉上地图，竟将萧禧驳得哑口无言。即将入口的美味，硬生生被抢了回去，辽国上下自然不敢小觑沈括。此番宋廷派他出使上京，以解两国多年以来关乎边界勘定的纷争，事关重大，需由大辽宰相亲自出马。沈括不卑不亢，对答如流，所言皆是有理有据，逢了辽人强词夺理，沈括便反唇相讥，竟在言辞上也未落半点下风。

自上京返回大宋途中，沈括一路游历，观看山川地形，探问民情风物，行至古契丹界，见了一丛硕状茂密的野草，不禁轻声喟叹。陪同的辽国外交使询问缘由，沈括应道："此草名大蓟是也。中原亦产，然则相较之下，终究小而稀松了，从未见大如车盖者！此地古称蓟州，想来因此草茂盛之故。"辽使面有得色，随

图说　夏秋开放的大刺儿菜[左图]又名“大蓟”，植株高大，聚集为球状的花序单独每个较小，多个生于枝端，伞房状排列。春末至夏季开花的小刺儿菜[右图]又名“小蓟”，植株稍矮，单独每个花序却较大，单生或少数几个排列。如今有些植物学家认为，这两种植物应当归并为同一物种，并称为“刺儿菜”。

图说 | 大刺儿菜的果实在夏末开始成熟，直到深秋，渐次化作淡黄褐色毛团，种子随毛一起乘风飞远，以此传播。

口答道："大辽物产，不逊于宋，观此草即可知也。"沈括听得弦外之音，正色曰："汝知大蓟乎？此草茎叶生齿，残暴如虎狼，又有虎蓟之名。虎狼之草，生虎狼横行之地，可谓适得其所。"这一番话，又致辽使尴尬无言了。此后编纂《天下郡县图》时，沈括依着出使辽国时的亲历见闻，蓟州之事可谓了然在目。于《梦溪笔谈》，他亦将那大如车盖的大蓟记述其间，言道："古契丹界，大蓟茇如车盖，中国无此大者。其地名蓟，恐其因此也。如扬州宜杨，荆州宜荆之类。"

天生利齿窥鱼肉

沈括所言之"虎蓟"，其名南北朝时已为人知——南梁本草学家陶弘景称："大蓟是虎蓟，小蓟是猫蓟，叶并多刺，相似。"李时珍援引此说，并加以注释曰："蓟犹髻也，其花如髻也。曰虎曰猫，因其苗状狰狞也。"蓟为野草，苗初生时即多利刺，尤以叶子边缘最为显著，民间食蓟之嫩叶新苗，须以沸水煮过，待刺已绵软，方可烹制。虽如此，食时终究多少含些苦涩之味，油盐调和，亦不能解。

因叶多刺，自我幼时便知此草民间呼为刺儿菜，春日新苗常生荒地低丘，择土壤松软处采撷，持一小铁铲，横断其根，掘来甚是简便，只需半日，就可挖得满筐。只可惜那刺儿菜的味道委实不够鲜美，纵使被焯煮得软若无骨，利刺全然失了锋锐，也能品得出苦楚滋味来。自有长辈称，若吃得出苦味，即是心中有火，多吃有益——我却难以听信，因了每次都能吃得出苦味来，我又不十分确信自己心中总有火焰升腾，那么想必是这说法有误了吧。总之小时候我并不喜爱吃这刺儿菜，采野菜时往往会故意视而不见。倒是曾经饲养兔子时，将这嫩叶当作兔草甚妙，唯有那一阵子，说到挖刺儿菜，我便满怀期许。

除却虎猫之说，李时珍言"蓟犹髻也"，似是指明了蓟之得名来由。只是这两字读音虽似，形却迥异。何况蓟花绽时，一团浅深紫红之色，花败落后，生出白色毛絮，随风飘散，范成大诗云，"露重蓟花紫，风来蓬背白"，即指此也。说那是发髻，倒是更像古时童子扎起的抓鬏，至白絮飞出，更似蓬头，白发凌乱，老而弥癫。我曾将这关于命名的疑惑，于诸般师友讨教过，经人指点，才想到将那"蓟"字去掉偏旁部首，究其音意。魝，《说文》所载"楚人谓治鱼也"，鱼之治，剖腹去脏，刮鳞除鳍，有时亦据烹制所需，在鱼肉上细切了花刀，以便入味。我想这或许也可算作另一种事实：蓟花未绽时，其蕾多鳞，又似鱼肉切过外翻之状，魝字读音作“芥”，添了草字头以指野草，终究讹读为蓟。

蓟门指点认荒邱

北地多蓟，故先秦时燕国以蓟为都城，所处之地，当为如今北京一带。此后又有蓟州，或言此为今天津以北，或言位于北京西南。如今北京德胜门外土城关，亦被看作古人所谓蓟丘、蓟门之所在。总之京津所处，亦生野蓟，故而多以蓟为名。杜甫《闻官军收河南河北》一诗有云：“剑外忽传收蓟北，初闻涕泪满衣裳。却看妻子愁何在，漫卷诗书喜欲狂。”所收蓟北之地，据今人考证，约略应是华北、东北交界处。

这关于蓟州、蓟门、蓟北等地的确凿所在，非只今人争论不休，古时亦是未便界定的难事。相传古之蓟门，树木蓊然，苍苍蔚蔚，晴烟拂空，四时不改，金代有景名为“蓟门飞雨”，至明清时，则以树木晴烟之故，更名为“蓟门烟树”。乾隆帝为这烟树所在，着实难为了臣子们一番，终究在城外土丘之上安置了石碑，算是为了“燕京八景”之一规范了明确位置。乾隆非但手书了“蓟门烟树”四字作为碑文，更是赋诗一首，言道：“十里轻杨烟扬浮，蓟门指点认荒邱。青帘贳酒于何少？黄土埋人即渐稠。牵客未能留远别，听鹂谁解作清游？梵钟欲醒红尘梦，断续常飘云外楼。”

我因读书时学校与这“蓟门烟树”比邻，故而时常骑了单车前去闲游。记得旧时这里无非土坡而已，连称之为小山也太过勉强，大约仅三四层楼高罢了，坡上生着荆条酸枣之类的灌木，嶙峋散乱，莫说景致，所见皆是荒芜。但那荒芜之中却藏着野趣，小时候我曾经在这里拨草寻蚱蜢，或是翻了碎石捕捉蟋蟀，可以心无旁骛地玩上一整天。然而这情景只能追忆，无复寻觅，因那“蓟门烟树”不知何时，借着“燕京八景”的名头，竟然修筑成了一座公园。说是公园，也无非夹在两条道路之间的小一片绿地而已，相较旧时，自然规整了许多，但为人栽植了太多园林绿化所用的花卉树木，反而显得庸碌。读书时去闲游，一则事实我便了然于胸：所谓“蓟门烟树”，既无烟树，甚至野蓟也不甚常见了。

这仅是城市演变时诸般无奈之中微不足道的一丝一缕罢了。十余年后，我与一位后辈谈论图书出版事宜——那后辈说是申请了一笔经费，想要制作一本关乎北京动植物故事的读本——说起京城人们对于草木的惦念与情怀，后辈言道：“蓟门烟树，这个可算一例么？”我虽未考过史料，但依稀记得蓟门纵然有树，也早已不知所踪了，何以与动植物扯上关联呢？那后辈继而侃侃谈来：你可去过蓟门烟树公园么？那里山坡上头，有很多黄栌树，春末花开之后，枝头有着许多红色羽毛状残留，仿佛树枝生烟。这难道不是“蓟门烟树”的由来吗？——黄栌树的形态我自然知晓，但那公园里的黄栌，尚不及我的年岁长久，因而面对这说辞，我也只能讪笑而已。谈论北京，我虽于此生长三十余载，亦不敢多言，只说些我自身的经历与亲见罢了。那后辈由外乡而来，他所知晓的北京，怕是仅含着不足十年的厚度，所思所言虽堪称独到，却终究太过自我了些。尚不识蓟门，何谈烟树呢？哪怕是乾隆帝也未敢轻下定论的。

蓟子分身真有术

至于野蓟一族，北地常见者，除却小刺儿菜一名小蓟，春日发生，初夏花繁，亦有夏日始生、初秋花盛者，植株硕大，可及人高，故名大蓟或大刺儿菜。当我兴致勃勃，想要分辨虎蓟猫蓟之别时，方才知晓如今的植物学家，竟主张将这小大两蓟，归并为同一物种了！想那大蓟喜水湿之处，沟边水畔常茂然成群，小蓟一如我幼年采撷时，去土丘荒地最易寻得。纵使这两般野草有许多听来科学的缘由，足以将它们当作同一物种，但一者形态有别，二者花时迥异，三者生境不同，我想总还是应当区别对待才好。

又有如今单纯名为“蓟”的植物，茎叶俱生刺，华东至西南可见，虽河北亦有记载，但在北京我从未见过此物。倘使名为“蓟”的植物在蓟州地界竟难得一见，我想此草虽如今占了“蓟”名，却约莫并非古人所谓之蓟了。

深秋时我因故要去采集大蓟的种子，寻了几处，唯见枝头空留下花落果散的残余。花后的大蓟，过不多时种子便次第成熟，化作颜色浅淡的飞毛，待日光晒得透彻，经微风轻抚，便飘飞至空中。想那汉代奇人蓟达蓟子训，可同日现身于二十三家，接应答对，不失礼节，古人以为分身有术，莫若如此也。故而司马光有诗句称：“既无蓟子分身术，须欠车公一座欢。”我终于在一处阴僻角落里头，见了残存的大蓟，果实尚未飞散，见那蓬松绵软的飞毛，总觉得所谓蓟子分身，虽借了蓟子训的典故，或许亦是在言真正的野蓟种子呢。

而后一年夏末，我在整修过的元大都遗址公园里头游荡，但

图说　如今中文正式名叫作“蓟”的植物，分布于华中及其以南广大地区，与大小刺儿菜都是近亲。此“蓟”最北分布虽可及河北，但京津之地几不可见，仅青龙县等地有确凿记载，且并非常见种类。由此推断，古时蓟州、蓟门之类，或许所指并非本种。

见池边芦苇婆娑，香蒲摇曳，水畔几丛繁盛的大蓟，紫色花朵仍有残留，果实却已迫不及待地开张，企盼风起。这公园原本依着元朝残留的城垣所建，绵延近十里，所经之地，亦与“蓟门烟树”旧址略有关联。如今野蓟兴旺，非但未遭铲除，反而临水葱茏，与景致合璧为一，我想，这才是所谓蓟州、蓟门最为寻常的草木，理应为人所识，不同于那些刻意栽种的樱花、郁金香之流，终究无可取代。园中野蓟蕴藏的匠心，真个应当拍手称赞才是。

其二十七

——

牵牛

——

乞与人间向晓看

牵牛

古之牵牛，或指今之牵牛（*Ipomoea nil*），或指今之圆叶牵牛（*Ipomoea purpurea*），二者皆隶属于旋花科番薯属。

今之牵牛，一年生缠绕草本，茎被短柔毛及长硬毛；叶互生，宽卵形或近圆形，深或浅3裂，偶5裂，基部心形，两面被柔毛，叶柄被毛；花常1–2朵，腋生，花梗被毛；萼片绿色，5枚，披针状线形，被毛，花冠蓝紫色或紫红色，漏斗状；雄蕊内藏，雌蕊1枚，有时内藏；蒴果，近球形，3瓣裂。产于我国大部分省区，生于草丛、路旁、山坡、房前屋后。

牵牛之花绝类喇叭，以蓝者为正，似粗布衣裙，因七夕始花，或曰此织女所制以遗牛郎。牛郎俗呼牵牛星，与花同名。此草缠绕高升，可攀藩篱并矮树枝桠，叶作掌状，微具茸毛，翩翩可爱。今有牵牛诸类，花色各不同，古人竟不能分。

勤娘子染蜜红姜

因着自幼家贫，拂晓时便需驱散睡意，起身劳作，故而只消天光稍退墨色，梅尧臣注定惊觉醒来——纵使此时终于谋到了个县令之职，贪恋梦乡之美，终究与梅尧臣无缘。自帝京南下，行旅中途经荆楚之地，借着清晨的浅淡朝晖，梅尧臣独自一人行走乡间，探些风土人情，以增学识见闻。行至村头，疏落的几户人家，矮篱之外，有一女子携着斑竹篾筐，正细心采摘初开的野花。

梅尧臣凑上近前，但见女子所采之花，乃蔓延攀爬满篱的牵牛花是也，此花清晨即绽，待得日上三竿，花朵便渐渐萎蔫，缩作一团。只不知采撷这牵牛花将作何用途。施礼求教，那女子却轻叹了一声，继而向梅尧臣婉娩道出了个中原委。女子本岭南人，北嫁至此，因未出阁时习得南国民间之法，所制"蜜红姜"堪称一绝。欲得此甜食，须采初绽的牵牛花，以蓝色花瓣和姜一道，以蜜腌渍；花色遇姜，转作鲜红，将嫩姜染得娇艳可人。每逢牵牛花开时节，女子即制此食，颇得亲友赞许，唯独夫家舅公年事已高，齿落不能嚼，独对珍馐，亦无可奈何。舅公既不能食，便斥"蜜红姜"

图说 | 裂叶牵牛之叶分裂如手掌状，内凹颇深，花小而花萼多毛，萼片反卷，与寻常之牵牛花略有不同，荒野草丛间却比牵牛常见。如今有植物学家主张将裂叶牵牛与牵牛花归并为同一物种。

乃旁门邪术，女子正为此愁苦不已。因梅尧臣乃村外路人，更兼礼数周详，女子才将实情道破。

这牵牛花民间称作“勤娘子”，欲观此花，切忌饱睡不起，所谓“黄绫被里放衙，终身不见此花”，此女破晓即在采花，殷勤可知，堪比“勤娘子”之名。梅尧臣亦因女子境遇而喟叹，故作《牵牛》诗以记之，曰：“楚女雾露中，篱上摘牵牛。花蔓相连延，星宿光未收。采之一何早，日出颜色收。持置梅窗间，染姜奉盘羞。烂如珊瑚枝，恼翁齿牙柔。齿牙不能餐，粱肉坐为仇。”

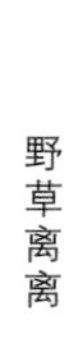

天孙为织碧云裳

牵牛其花得名，确然与牛有关。南梁陶弘景言道："此药始出田野人牵牛谢药，故以名之。"医家以牵牛种子入药，效颇灵验，土人经医治得以痊愈，故而牵牛前往答谢，以牛充作治疗酬劳。李时珍称，至明朝时，世人往往隐牵牛之名，取而代之以"草金铃""狗耳草"等别名：草金铃，言其果实熟时枯黄，状如铃铛；狗耳草，言其叶具茸毛而凹陷如大波，形似狗耳。

牵牛因牛得名，古人以天干与十二生肖相搭配，子鼠丑牛，故而牵牛之牛，也演化为了"丑"——牵牛种子入药，色黑者名为黑丑，色白者为白丑，两者药效一般不二，故而又统称作二丑、黑白丑。

不仅入药时的名目，原本只是野人牵牛，然而却因牛郎织女传说广为人知，牛郎星也被民间俗称作了牵牛星，于是名为牵牛的野花，便与河汉之畔的星辰合而为一了。七夕时节牵牛花恰逢初绽，喇叭状的蓝色花朵，亦被人们当作织女为牛郎特制的新装，其色正与尘世间的牵牛郎所着粗布衣颜色相仿。杨万里作《牵牛花三首》，其一言道："莫笑渠侬不服箱，天孙为织碧云裳。浪言偷得星桥巧，只解冰盘染砒姜。"服箱者，指黄牛负载驾车也，语出《诗经·小雅·大东》"睆彼牵牛，不以服箱"；天孙者，织女是也，云裳既成，天衣无缝；冰盘即是牵牛花之形色，染砒姜则又是染色蜜姜之说。

秦少游亦知晓这牵牛花的掌故，然而却乐得将花朵的蓝色裙裾，比作寻仙问道之人的磊落青衫。天河横转，曙光乍现，牵牛花开时，秦少游的《牵牛花》诗作也已写就：“银汉初移漏欲残，步虚人依玉栏杆。仙衣染得天边碧，乞与人间向晓看。”

晓卸蓝裳著茜衫

牵牛虽因牛郎织女的传说，一并染上了浪漫色彩，然而在士大夫眼中，此草柔曼缠绕，实为趋炎附势之状，更兼于郊野蔓延，扑于灌木之上，往往可将矮树疏枝悉数覆盖，树枝不见天日，便郁郁委顿而死，牵牛当然逃不脱干系。也难怪苏东坡作诗讽之，曰：“牵牛非佳花，走蔓入荒榛。开花荒榛上，不见细蔓身。谁翦薄素纱，浸之青蓝盆。水浅浸不尽，下余一寸根。嗟尔脆弱草，岂能凌霜晨。物性有禀受，安问秋与春。”

品性姑且不论，倒是苏东坡于牵牛花的观察描绘，委实细致入微：将花朵比作薄素纱，浸泡于青蓝染液之中，故而花朵大半都是蓝色；然而喇叭靠近基部，往往蓝色褪去，化作惨白，这也正是诗句所言的“水浅浸不尽”了。

杨万里的另一首诗中也有关乎牵牛花色的句子：“素罗笠顶碧罗檐，晓卸蓝裳著茜衫。望见竹篱心独喜，翩然飞上翠云篸。”所谓蓝裳、茜衫，我在刚刚读小学未久，便依稀有所领悟：自然课上做过一则实验，将牵牛浸泡在酸性水中，花色即变作粉红，若遇碱性水，其色则渐作深紫。这实验应当确然做过，在那之前，我已然知晓那篱笆上的牵牛花，实有多种颜色，浅蓝、靛蓝、深紫、浅粉、紫红、白，另有花大者，或紫红，或深蓝，花冠檐处有一圈白色镶边。花色与酸碱性云云，小时候我全然不曾领会，到后来看见

图说 圆叶牵牛原产于热带美洲，作为观赏花卉引入我国，花色多样，既可见深浅程度不同的粉红色[中图]，又有较深的蓝紫色[右图]，有时也可见白色花中略带彩色斑纹[左图]。圆叶牵牛极易成活，终由花圃逸至野外，如今已颇具外来入侵之势。

此说，才追忆起曾经的实验。直至如今，我也未能确然断言，这牵牛花色与酸碱性的关联是否真如此密切。

但这世间却有一种名叫变色牵牛的植物。此花初绽，原作蓝紫色，继而渐变作紫红色，我国仅南方炎热处方可得见，故长久以来，我也仅闻得其名，未能窥见真身。三年前，携妻赴尼泊尔旅游，天未亮时便爬将起来，跑去一座山顶看日出，看罢回到小镇，朝阳也才刚刚将暖热洒下。我们在水边信步闲游，忽而瞥见篱上爬着茂密的牵牛花，原本以为不过是寻常种类，故而未加留意，待返回时，才隐隐察觉到了异常：那些花朵的颜色莫不是变化了？——这正是我唯一邂逅变色牵牛的经历，照片虽也拍了，但倘使当时能够早些发觉，应当拍摄一段颜色变化的影像才是。如今想来，可谓憾事。

四海牛郎作一家

虽是柔藤，牵牛花却终究能够坚挺地撑到秋末，说来也算难得，故而杨万里的咏牵牛诗又言："晓思欢欣晚思愁，绕篱萦架太娇柔。木犀未发芙蓉落，买断西风恣意秋。"在我幼时，全然不知晓什么花草的品性高低，只知道牵牛花极易栽种，春日撒下种子，过不得几天，幼苗便纷纷破土。到夏日开始生出花蕾，眼看着渐渐泛出颜色，终于绽开，圆滑的小喇叭状，惹人喜爱。直到京城的深秋，许多树木已落尽了叶子，牵牛花还会残余下几株，顽强地生出一两朵花，装点轻霜寂寞的寒噤清晨。

后来我才大约明了，牵牛花亦可分作多种：最为栽花人喜爱

图说 大花牵牛原本是独立物种，花朵硕大，喇叭外檐有白色镶边，常见紫红色，偶有深蓝色、浅蓝色等品种，旧日人家栽种牵牛，多喜此类。如今植物学家建议，大花牵牛应与牵牛归并为同一物种。

者，名为大花牵牛，花朵硕大，且镶着白边；四野常见，亦多为人栽种的，则是圆叶牵牛，叶片心形而不分裂，花色最是多样；常入古画者，大名就叫作牵牛，花蓝色，叶片稍凹；又有叶片深凹者，亦是蓝色花，花朵却小，萼片多毛而反折，名为裂叶牵牛。这些种类皆可谓寻常，相传都是热带美洲原产，或早或迟，终究引入我国。但想那牵牛花大约魏晋时已为人识，纵使来自大洋彼岸，也可谓早已入乡随俗，算作大半个本土物种了。

在科学家眼中，较为新潮的思路竟是：许多牵牛种类竟难以成立，故而应将各种牵牛归并作一两种才好。曾经的裂叶牵牛、大花牵牛，如今通通归入寻常的牵牛花之中，仅圆叶牵牛依然保守着某种倔强的自尊。更兼听闻有人提出了“牵牛复合体”一词，因着多种牵牛彼此竟可杂交混淆，不宜纷纷看作独立物种，如此说来，竟有诸般牵牛混作一家的架势。

但这仅是科研学者们的决意罢了，近二三年我重又开始栽种牵牛花，则全然领悟不到四海牵牛作一家的意境。秋日取了种子，倘是寻常的蓝色牵牛花，绝无忽而变作花大而镶白边者的可能。我所最为中意的，是深蓝色花朵外有白边的种类，然而苦苦寻觅不得。忽一日骑了单车，经过城中杂乱的平房区，见一院落门口篱笆上，茂密地攀爬着数株牵牛，正是我所希求的种类。种子也将近成熟了，我便意欲摘上几枚，岂料刚刚凑将过去，树影背后倏忽蹿出一位老者，怒发冲冠，高声呵斥。“种子本就稀少，岂可随意取了去？！”我也只得怏怏退去，但心里反而生出些许欢愉：且不论科学家作何论调，那牛郎星抑或牵牛花，本是于民间流传开去的，如今的牵牛之爱，民间仍长存不衰，这便足够了。

其二十八

——

萝藦

——

芄兰之支　童子佩觿

萝摩

古之萝藦，即今之萝藦（*Metaplexis japonica*），隶属于萝藦科萝藦属。

多年生草质藤本，具乳汁，茎圆柱状，下部木质化，幼时被短柔毛；叶对生，卵状心形，叶柄顶端具腺体；总状聚伞花序，花常13–15朵，腋生或腋外生，具长总花梗；花萼绿色，裂片5枚，披针形，外面被微毛，花冠白色至淡紫红色，裂片5枚，披针形，顶端反折，内面被柔毛，副花冠环状；雄蕊连生成圆锥状，包围雌蕊；蓇葖果，叉生，纺锤形，顶端急尖，基部膨大，种子扁平，顶端具白色绢质种毛。产于我国东北、华北、华东，及西北、华中部分省区，生于林边、山坡、灌丛中、路旁。

萝藦一名“芄兰”，其实若锥，诗所谓“童子佩觿”是也。初冬果乃熟，枯黄爆裂，白毛若伞，纷纷扬扬，携籽而出，遇微风乃高飞。其花五出，或灰白，或淡紫红，花上多毛若短线。其株盘绕，倚篱栏而生，折茎叶则乳汁稍出。古取萝藦之籽为药，今人不效，而以萝藦为攀附杂草矣。

稚子谋国多咒怨

卫宣公薨了？莫非那心若豺狼般的公子朔，真个要嗣位为新君不成？卫国之民，多在暗自窃窃私论，毕竟公子朔仅是故先君的幼子而已，若非做了阴险狡诈的勾当，岂轮得到他做国君呢？卫国这一场内乱的祸根，自是卫宣公亲手埋下的。宣公长子公子伋，一名急子，本已立为太子，岂料自齐国而来的太子妃，不及迎娶，却因宣公闻听此女貌美，淫心大动，竟自纳为妃，世称宣姜。宣姜生有二子，长曰公子寿，为人忠厚，颇有贤名，次为公子朔，好问权谋，心术不正。宣姜忌惮太子即位之时，清算昔日虽有明媒却未正娶、反而嫁与其父的怨念，日日自危，便欲除太子而后快，故而屡进谗言，终于将卫宣公说得动心，做了同谋。只因太子品行端正，孝顺友爱，一时未能寻到破绽。

宣姜设计，遣太子出使齐国，却与卫宣公、公子朔密谋，雇强人扮作盗贼，欲于舟船之上行刺。公子寿闻此毒计，苦谏无用，乃将阴谋告于太子。太子叹曰，父命不可违也，毅然踏上行程。公子寿亦同舟而往，借酒将太子灌醉，盗了衣冠符节，假扮太子，为贼人所杀。太子闻乱转醒，得知情由，不胜哀伤，乃向群贼言道：“所当杀者，我也！”因而一并遇害。明义贤德的两位公子相继遇害，国民无不悲愤，公子朔却自然乐得登上了卫国之君位，是为卫惠公。

惠公年齿最幼，心思狡黠，自恃聪颖，擅谋权术，却不修仁德，不礼群臣，傲慢骄奢，加上近乎弑兄谋国的行径，上至百官，下及黎民，多有怨声。故而大夫之间有诗流传开去，词句曰：“芄兰之支，童子佩觿。虽则佩觿，能不我知？容兮遂兮，垂带悸兮。芄兰之叶，童子佩韘。虽则佩韘，能不我甲？容兮遂兮，垂带悸兮。”这段诗歌被收入《诗经》之中，名为《卫风·芄兰》。芄兰，蔓草也，果实如觿——觿者，器具，古之解结锥，以象牙所制为上品，成人乃可佩带。一国之君治成人之事，却教童子佩于身边，故而此句讽卫惠公若黄口稚子，失德失礼，不自谓无知，却傲慢待人。既然大夫纷纷吟诗以刺君王，卫惠公的位子自然岌岌可危，终遭群起而攻，君位难保，仓皇逃去齐国了。

退居犹欲佩芄兰

所谓的芄兰，为今人称作萝藦，乃攀缘藤本也，枝条柔曼，以之讽喻卫惠公，是有劝诫之意——君子之德，当如藤条，柔润温良。更兼此物蔓延于地，须有所依凭，方可向上高升，明君亦应知人善用，任贤启能，此乃治国良策也。至于用作比喻的“芄兰之支”，即萝藦果实，形态略似梭子，一端肿大，一端狭长，未熟之时，外壳多生凹凸。萝藦在《尔雅》中被称为“雚”，雚字与鹳意

图说

萝藦花冠五裂，具短毛，花开时或为淡紫色[上图]，或近白色，花后果实生出，外形如梭而粗，外被瘤状突起物[左下图]。果实入冬方成熟，经日晒而干裂，种子自裂口飞出[右下图]，具毛而轻盈，可随风飘远。

相通，言此草之果实如鹳鸟之首，肿大者似头脑，狭长者似喙。又因古人以为此草略含芳香，乃有“兰”名，故而称作“雚兰”，讹为芄兰。

至于萝藦，古时写作萝摩，此名见于《唐本草》，其意未见详解。我曾与众友妄自揣测：萝即蔓草，摩者，研磨也，萝藦之果凹凸之状形似研钵，因此得名。然而此说并无依据，不足为信。唯有一点令人在意：古人对于蔓草，大都心生嫌恶，以为攀龙附凤之辈，然而萝藦或许因着芳香如兰，非但未遭厌恶，反而用以寄托君子之德。晚唐诗人薛能有词句云：“唯有报恩心未剖，退居犹欲佩芄兰。”身佩芄兰者，治国有道之君子也，借《诗经》古意而言自身志向。

还有诗作后一半所言的“芄兰之叶，童子佩韘”。韘亦乃器具，用作助射，佩于指上，以扣弓弦，其效如后世之扳指。萝藦叶片之形，强言似韘，于理不通，故而古今多有人辩。沈括于《梦溪笔谈》中言道，“疑古人为韘之制，亦当与芄兰之叶相似，但今不复见耳”。此说颇为后人诟病，大有穿凿附会之意，或许先秦比兴而成诗，但求音律，形似倒在其次了。

在家无意饮萝藦

医家以萝藦之籽入药，具虚劳补气之效，多食可生心头欲火，故而民间有谚语言道：“去家千里，勿食萝藦、枸杞。”枸杞今人多识，乃滋补佳品，可强盛滋阴，服食萝藦，效用与之略同。男子从事于外，离家千里，倘使欲火旺盛，难免行苟且之事。长辈训诫，远萝藦、枸杞，为防范也。北宋黄庭坚颇知此说，曾作《道院枸杞诗》称，“去家尚勿食，山家安用许”，修道者讲求清心寡欲，不必以草药而助淫乱；他又有别诗言“吏隐”之意，虽居官而似隐士，无须张扬炫耀，正所谓“遥知吏隐清如此，应问卿曹果是何，颇忆病余居士否，在家无意饮萝摩”，犹如居家，但求波澜不惊，无须推云助雨，那萝藦则落得个无论去家在外，抑或居家守淡，都不为人所需了。

然而细细想来，枸杞虽是补品，其果微甜味美，佐餐烹饪亦为佳品，远行之人，尚需谨慎食用，萝藦的种子，若非刻意服食，谁又能有机会吃得到呢？南梁名医陶弘景指出，萝藦叶大，可生啖，亦可蒸煮食之，彼时乃民间野菜是也。食叶之效，与食种子略同，因而民谚所指，当是在外吃野菜时，需提防少食萝藦之叶为好。

我则自小就对萝藦心存芥蒂，莫说吃叶子，连那植株也要敬而远之，绕行为妙。萝藦无论茎叶，乃至果实，折断抑或切一道伤口，就会有白色汁液流出，沾于皮肤，甚有黏稠之感。偏偏萝藦的果实外壳凹凸，与癞蛤蟆多少形似，小孩子们就将白色汁液，看作和癞蛤蟆喷出的“癞水”同类之物。——蟾蜍所喷蟾酥，可令皮肤麻痹，顽童之间更传说倘使沾上少许，皮肤就会长出癞疮；萝藦的白色汁液，若不及时清洗，也被传说可致溃烂生癞的。小孩子不知其名，称之为“癞草”，相关传言虽无凭据，却最骇人，直搞得我们并不敢接近萝藦。胆大而顽劣的某一两个男生，兴之所至，也会摘了萝藦来，断口的白色汁液径自流淌着，可以拿去吓唬他人，众人皆惊叫奔走，如避鬼魅。倘使有谁不幸被汁液沾上，其余孩子就会起哄般地叫起来："风来啦，雨来啦，蛤蟆背着鼓来啦。"沾了汁液的孩子往往会哭出声，急忙跑回去清洗，而后几天始终惴惴慌恐，直到确认皮肤不至于生出脓包癞疮，才终于安心。只是那蛤蟆背鼓的儿歌，原是说风雨欲来的情形，与萝藦本无牵扯，顽童借题发挥罢了。

摊破婆婆针线包

萝藦因了枝叶折断有白汁，古人亦别称其为白环；相传刘邦曾以萝藦治疗兵刃所伤，用作金疮药，故而又名斫合子；又以果实似瓢形而小，名为雀瓢。对于可致脓癞的白色汁液心存恐惧，彼时是小孩子们的专属，我从未向家中长辈们提起，然而因母亲和我讲起一种神奇的植物，竟使那白色汁液的阴影，渐渐消散于无形之间。母亲说，当他们小时候，有一种叫作"羊哺奶"的野草，果子尖狭，如同细锐豆角，摘下可见白色乳汁，嫩时略带甜味，是小孩子喜爱的天然食物。我家附近却找不到这"羊哺奶"，我只好凭空想象，思来想去，那描述无论如何近似于萝藦。我自也想摘两只萝藦回家，问个究竟才好，但又不敢动手。总之心里头隐约觉得，萝藦或许并不如此可怕了吧，于是就此淡忘，夏季再临，小孩子间流行的玩乐，早已由用萝藦吓人换作了其他。

十余年后，我才终于弄清了所谓的"羊哺奶"是为何物：那是萝藦表亲，如今中文正式名叫作地梢瓜，植株直立或略作铺散，然而绝不攀缘，果实更为狭长，外表却不具凹凸而作光滑状。又过数年，我才知晓《本草纲目》中又记有萝藦的一则别名，干脆叫作羊婆奶。

真正喜爱上萝藦，是近两三年间了。从前我全然未曾在意萝藦的种子，忽而在初冬时节，遇到一只干燥了的果实，那凹凸的外壳已转作枯黄色，纵向裂开一道缝隙，有轻巧的种子飘飞而出——确切说来，是种子附带了轻巧的白毛，舒张开来，恍若绒伞，经风轻拂，就欢快地升空飘远。逆着日光，我凝视着缓缓飞升的种子，感觉到了丝丝缕缕令人愉悦的暖意。古时萝藦又名婆婆针线包，说的便是这些种子恍若一团棉线，摊破散落。

北地城市之中，除却萝藦自身，能够生得出如此模样种子的植物，还有与之亲缘关系相近的鹅绒藤。鹅绒藤花果都与俗称“羊哺奶”的地梢瓜极似，植株却偏向萝藦，作藤条攀缘而生。初夏时节，由家至办公室之间的路途中，我着意记下了几处生有萝藦和鹅绒藤的篱笆围墙，每日见它们硕壮生长，开出花来，直等着深秋时想要收集一些种子，岂料盛夏时忽一日，见那些藤条全部萎蔫气绝。——是园林工人统一清除杂草了吧？我也唯有发一两声叹息，这哀叹却因写在了网络上，有人跳出来指责：这两种杂草根深蒂固，除之不绝，纵使腰斩也还嫌不够的！我是以为对于原本就存在于此的草木，人类似乎并未被授予处决的权力，但这仅是自我的心思罢了，难以搬出去用作纠缠不休的争论。然而似为了回应那句“除之不绝”，立冬节气之后，我又偶然遇到了几株结了果实的萝藦，自然欢喜地收集了若干种子。

枯干的枝条和果实，早已流不出白色汁液，我却毫无缘由地想起了“芄兰之叶，童子佩韘”——佩韘，为射精准也，箭中伤口，血流汩汩，那景象，宛如萝藦茎叶被人斩断时白色汁液流出之状。古人应当不至于如此联想的吧？看着那几株被人当作杂草、欲除之而后快的萝藦，终究将种子散布开去，我便翩然联想到整座城市。这里虽看似花木繁盛，但却多是引自异地乃至番邦外国的花草，又遭刻意修剪，砍头剁手，才收拾得齐整规矩，俯首帖耳。人们傲对草木，恣意摆弄，又与那佩觿佩韘、以小欺大的童子，有何区别呢？

其二十九

瓦松

别来秋雨苦　但觉瓦松长

瓦松

古之瓦松，即今之瓦松（*Orostachys fimbriatus*），隶属于景天科瓦松属。

二年生草本，一年生莲座丛的叶短，二年生花茎高10–40厘米；叶基生及茎生，基生叶莲座状，线形，肉质，茎生叶互生，线形至披针形，肉质；总状花序，顶生，常呈塔状；萼片黄绿色或淡褐色，5枚，花瓣红色、淡粉色至近白色，5枚，披针状椭圆形；雄蕊10枚，花药紫色，雌蕊5枚；蓇葖果5枚，长圆形。产于我国东北、华北、西北、华中、华东等地区，生于山坡、石缝中、屋顶瓦砾间。

瓦松寿止二年，初生仅具叶而无花，古称“昨叶何草”，翌年复生，叶茂若松球，常见诸屋顶瓦砾之间。入秋乃花，花小而五出，色淡粉，聚集作塔状，深秋而凋，不再复生。旧时城中瓦松颇常见，今无老屋，终难觅矣。

瓦花寄意警虎狼

千里迢迢派人自长安寻来的，竟然是生在屋顶瓦片之间的野草？魏明帝曹叡决意大兴土木，在洛阳修建宫阙，垂问宫殿设计细节，谈及房屋制式时，曹叡猛然忆起旧事，言道：朕亲征时曾见长安屋顶“瓦花”甚美，洛阳须仿此而建。

约莫七年之前，曹叡即位未久，西蜀诸葛亮趁他根基未牢之时，兴兵来犯。稚气未脱的曹叡在一干托孤重臣簇拥之下，御驾亲征，莅临长安。那是曹叡最接近两军阵线的一次，然而他所做的，也无非检阅军校，鼓舞士气而已。不过数日，捷报频传，马谡兵败失了街亭，蜀军被迫撤回汉中。正是此次西行，曹叡见到了长安的“瓦花”。此物生在瓦片缝隙之间，无论宫殿、庙宇或民房，屋顶多可瞥见，每一株的姿态都仿佛一团落地莲花之状，虽则微小，却圆润可人。此刻欲修洛阳，曹叡金口指名，定要让那长安的“瓦花”也在洛阳繁盛起来。

所谓“瓦花”乃是民间称谓，此草正名瓦松，确然常生于瓦片之间，然而皇家宫阙因着有专人时时清扫，纵有瓦松长出，也应拔除才是。只有民间贫苦人家，顾不得清理屋顶，或人去屋空的萧索村落，瓦松才会大肆繁盛。但虽是民间俗陋之物，匠人却不敢违了君命，只得将长安的“瓦花”取了来栽种。

众人皆不明曹叡之意，唯有司马懿默然不语。此后司马懿虽升任大将军，屡御外寇，平辽东并匈奴之乱，又数次击退蜀军，然而越是功高，他却越是低调行事。直至曹叡病逝之后，司马懿并其一族方才显出虎狼之心。想必是曹叡的谜语，终于被司马懿猜到了——亲征长安，乃是曹氏宗族大将曹真、三朝虎臣张郃统领三军，移那“瓦花”至洛阳，曹叡是在点醒司马懿，莫生二心，否则定要举宗族并旧臣之力而灭汝之族。

然而司马氏的野心，却不是曲曲“瓦花”能够长久震慑的。曹叡英年早逝，宗族衰败，大权旁落。魏帝之位草草传了五代，终于就在“瓦花”参差的洛阳宫殿里头，曹奂被迫禅位，司马炎称帝，三足鼎立的纷争乱世也即将划上休止符。

昨叶何草今日松

瓦松之名得于民间，生瓦片之中，植株形如松果，作层叠之态，加之远望隐约如松栽，故而虽是野草，却得松名。此外又有向天草、天王铁塔草等别称，俱是因瓦松之形而来。

瓦松虽自古为人所识，然而关于此物的猜测与揣度，却传得奇异而有模有样。唐人崔融以博学多识而闻名，所作《瓦松赋》之序言曰：“不载于仙经，靡题于药录。谓之为木也，访山客而未详；谓之为草也，验农皇而罕记。”瓦松既不为求仙问道之人提及，又未被医家详述，非木非草，当真奇怪也哉。然而晚唐杂学家段成式却因此而讥之，称瓦松早已见诸诗词，只是名称有别而已，譬如南梁简文帝之诗，“缘阶覆碧绮，依檐映昔耶”，其中所谓的“昔耶”，其实就是瓦松了。这说法到了北宋，又被沈括批驳：“昔耶”恍若墙壁之衣，贴伏而生，瓦松挺立，并非一物。

然而这些争论却都不及“昨叶何草”令人费解——连颇擅长考证植物名称由来的李时珍，也不得不称“其名殊不可解”而作罢。起初在古人看来，昨叶何草与瓦松本是二物，初生时为昨叶何草，入秋而死，翌年变作瓦松；昨叶何草低矮如球，瓦松耸立似锥。至唐宋时，古人以为一物双名，正如幼时为蚕，破茧为蛾，未舒张者名为昨叶何草，伸展后则叫作瓦松。今人自然早已通晓其中奥妙：瓦松二年生也，第一年唯有叶片团聚，积蓄养分，第二年方才舒展开来，叶丛之中生出花蕾，形如塔状，花开果熟，植物旋即委顿而亡。（一说初生时为瓦松，第二年变为昨叶何草。）

花败即死，可谓薄命，寻瓦而居，堪称粗鄙，然而就是唐朝那段搞不清瓦松究竟是何物的《瓦松赋》，倒是极力夸赞着这植物的品行：“进不必媚，居不求利，芳不为人，生不因地。其质也菲，无忝于天然；其阴也薄，才足以自庇。”无须谄媚攀附，摇尾乞怜，只要恪守本分，无论低贱显贵，亦足以令人为之称道了。

几家门锁瓦松青

古人终究并不如何喜爱瓦松，倘使勤于清理修缮的人家，定要时常将屋顶的瓦松拔除一空。只有逢着破败村镇，断壁残垣，少有烟火人迹，往往可见瓦松繁茂，非但房屋，甚至连墙头也会被瓦松霸占。故而文人以瓦松喻破败衰落，元人王逢即有诗曰："岂不闻县谯更阑漏迟滴，又不见天汉星疏月孤白，几家门锁瓦松青，仅留校书坟上石。"

更兼瓦松深秋方才开花，屋上白花姗姗迟绽，已是落叶萧索时节，这又为瓦松增添了悲凉氛围。"苏门四学士"之一的张耒，一年之中官职数次变迁，故而岁末作诗言道："庭树应如我，相逢益老苍。别来秋苦雨，但觉瓦松长。"借了秋雨寒凉、瓦松瑟缩，半是自嘲，半是自励，希冀着自身能够如庭中乔木，苍劲端直。

自我决意留心拍摄周遭植物的图片以来，竟是十年未得一幅瓦松开花的照片。北地过得秋分节气，山间草木即纷纷凋敝，我也便安心蜷缩在室内，不再踏入山野之中。明明知晓何处有瓦松的——夏日里曾见过许多，依着山中小径，岩壁缝隙至土坡高岗，虽稀疏散落，总也有百余株之多，初秋探望，仍仅是生出谦卑的花蕾而已，全无盛放的架势。只不至于专程为这个往返跑上数百里的路途。直至约莫三四年前，有久居南国的友人来访，定要去看北方凋敝的冬山。已然过了霜降，树叶早枯，落去大半，零落的野果悬于枝头，我则终于遇到了瓦松开花：淡粉色的花朵，堆积在松塔状植株的顶端，辅以略呈红褐色的层叠叶片，俨然兼具了野性与娇媚。

当时只道是寻常

瓦松本是屋顶寻常之物，却要刻意至山中寻觅，这于我而

图说　瓦松入秋开花，5枚花瓣，略带粉红色，花聚集为塔状。屋顶瓦片之间，开花时的瓦松别具一格，可谓旧时野花与人类相伴共处的典型范例。［摄影：张洁］

图说 如今城市中平房少有，瓦松亦不多见；在乡村屋顶上，依旧常可见到成群生长的瓦松[左图]。山间石缝之间也有瓦松生长[右图]，未开花前，瓦松的整个植株形如松果状。

言，实则颇多唏嘘。

幼年时初识瓦松，便是在周遭房屋瓦片之间——我虽住在楼房里头，一路之隔，便有掩映的平房错落，更兼后来小学有位同窗住在那里，间或前去玩耍，偶一抬头，就能望见几坨瓦松。只因我们个子尚矮，又无上房揭瓦的本事，故而仅是眺望一番罢了，多年来与这植物并无瓜葛。

真个将瓦松带回家来栽种，采来的却是另外叫作钝叶瓦松的种类。寻常的瓦松，那时隐约觉得不过是杂草，不值得埋在花盆里头精心照料。这钝叶瓦松叶片宽大有加，极似花瓣，整株看去俨然伏地莲花一般。我于郊野登山时见了，心生大爱，于是央求同行的长辈，终于得以挖回一棵，珍宝似的种在阳台上，日日淋水，朝朝

图说 钝叶瓦松之叶宽大，未开花时，植株呈莲座状[右图]，至秋季花序生出，小花绿色，聚集为棒状[左图]。如今钝叶瓦松有时也作为原生的多肉植物，为人种植玩赏。

观望。那时不知大名，只见此物叶片肉质，便以“肉质植物”相称。

暑假将尽之前，我因寄宿亲戚家中数日，归来后又忙于补写假期作业，近乎将钝叶瓦松忘却了，待终于想起来，跑去看望，只见那“莲花”已然成了瘦长高耸的细塔状——然而又并非完好无损的塔，自“塔”中部不知何故，竟而拦腰折断了。许是自责于将之遗忘，抑或怪罪自己疏于照看，直感觉心中悲凉满溢，我忽而大声啼哭起来，边哭边喊道：“肉质植物死了！肉质植物死了！”这才惊动长辈前来，仔细查看过，方知“细塔”虽折，却未全断，依旧有部分接连，而这“细塔”本身，就是钝叶瓦松的花序，分明有小花开放。知它“死而复生”，又开新花，我才转悲为喜。——那是我十岁左右的光景，如今想来，除却怀念，亦为童年时的纯粹而喟叹。瓦松也罢，钝叶瓦松也罢，均是二年生植物，只消花开，真正的死亡也即将降临。后来见那“肉质植物”真个委顿死去，我反而并无悲戚，以为植物只要开花结果之后，死不足惧，正得其归宿也。

近年来栽植多肉植物一时风靡，无论种类，无论来源，只消肉质多汁、圆润可爱者，均有拥趸追捧。至此，瓦松可谓迎来了荣耀与辉煌。因着本土原生，易于栽种，取瓦松植于盆中玩赏者日渐加增。然而在这城市里头，却绝难见到一两株野生的瓦松了。老旧平房被渐次拆除一空，最后在城里看到瓦松，还是十余年前，彼时我初读大学，骑一辆破旧坚实的单车，时常横穿旧城区，于晚冬时分，见着屋顶点缀着瓦松残骸，并未以为如何，岂料这寻常光景，后来再难遭遇。如今的瓦松，若非深入山间，也要驱车至郊区村镇——必是小村才好，县城都不可取了——倘使寻对了方向，尚可在屋顶看到。城市恍若急速扩张的妖魔，吞噬田地，吞噬山林，肥硕膨胀，倘使如此下去，再过得十年，我怕是不知去何地才能与野生的瓦松相逢了。

其三十

苍耳

采采卷耳　不盈顷筐

苍耳

古之苍耳，即今之苍耳（*Xanthium sibiricum*），隶属于菊科苍耳属。

一年生草本，高20–90厘米，根纺锤状，茎被灰白色糙伏毛；叶互生，三角状卵形或心形，有时3–5不明显浅裂，边缘具不规则粗锯齿，下面被糙伏毛；花单性，雄性头状花序球形，总苞片长圆状披针形，花绿白色，小而聚集，雌性头状花序椭圆形，淡黄绿色或有时带红褐色；瘦果，倒卵形，成熟时变坚硬，外面有疏生的具钩状的刺。产于我国大部分省区，生于草丛、荒地、路旁、田边。

如今广义苍耳，有时也包括意大利苍耳（*Xanthium italicum*）、平滑苍耳（*Xanthium glabratum*）等外来入侵种类。

苍耳生诸荒野道边，一时俯拾皆是，其花暗弱，人多不辨，唯见果招摇。果略似珠，周身多刺，可粘人衣物并牲畜皮毛，以期携至他处。嫩叶幼苗颇毒，食之可杀人，果亦毒。诗曰“采采卷耳”，或曰此即苍耳，或曰非也，莫衷一是。

关雎卷耳平生事

因“乌台诗案”被捕入狱、关押在御史台的苏东坡并不知道，宋神宗皇帝正为如何处置发落他而苦恼。一面是耳畔不断飘来的关于苏轼毁谤天子的传言，更兼频见御史们的奏折，另一面却是神宗心底隐隐残存的爱才之心。犹豫未决之时，正是太皇太后曹氏的言语，救了苏东坡的性命。曹氏乃宋仁宗皇后，此时神宗皇帝的祖母，军国大事权同处分。谈及苏轼，曹氏追忆起仁宗来，言策试制举人罢归，面有喜色，因得二文士，那便是苏轼、苏辙兄弟了。仁宗对曹氏言道：“吾老矣，虑不能用，将以遗后人，不亦可乎？”忆过这段往事，曹氏问曰：“二人安在？”听闻苏轼入狱，太皇太后竟潸然泪下。神宗即萌生了从宽处置的念头。

而后太皇太后病笃，再与神宗谈及苏轼，言他因诗文获罪，莫非仇人中伤乎？并嘱神宗“不可以冤滥致伤中和”。又过数日，神宗意欲大赦天下，为太皇太后祈福，曹氏闻言，刻意召神宗道：不须赦天下凶恶，但放了苏轼足矣！——神宗至孝，便依了祖母之言，然而未等苏轼出狱，太皇太后已然仙逝。苏轼在狱中闻讯，作挽词二首，名为《十月二十日，恭闻太皇太后升遐，以轼罪人，不许成服，欲哭则不敢，欲泣则不可，故作挽词二章》。其一言道：“未报山陵国士知，绕林松柏已猗猗。一声恸哭犹无所，万死酬恩更有时。梦里天衢隘云仗，人间雨泪变彤帷。关雎卷耳平生事，白首累臣正坐诗。”

诗中所谓“关雎卷耳平生事”，却是引了《诗经·周南》之中的两首。彼时儒家尊《关雎》《卷耳》为歌颂后妃德行之作，苏轼此语，是将太皇太后比作先秦时淑德贤贞的后妃了。除却德行，《卷耳》之诗更有君子求贤之意，这亦是苏轼在感激太皇太后的知遇之恩。

应念臣劳如卷耳

《诗经·周南·卷耳》诗曰：“采采卷耳，不盈顷筐。嗟我怀人，寘彼周行。陟彼崔嵬，我马虺隤。我姑酌彼金罍，维以不永怀。陟彼高冈，我马玄黄。我姑酌彼兕觥，维以不永伤。陟彼砠矣，我马瘏矣。我仆痡矣，云何吁矣。”今人以其字面之意，常将此作释为女子怀念远人之歌，托名采卷耳，至高岗遥望，以盼远人归期，更兼以“金罍”“兕觥”盛酒，借酒消愁，权且抚慰“永怀”“永伤”之心。

然而于古人而言，这一诗作却蕴含着更为端正而重大的意义。西汉初年，毛公为《诗经》诸篇作小序，释《卷耳》云：“后妃之志也，又当辅佐君子，求贤审官，知臣下之勤劳，内有进贤之志，而无险诐私谒之心，朝夕思念，至于忧勤也。”卷耳易得，采采却不满筐，比喻君王执国之道不精，后妃深为之忧，故而思怀贤

图说

苍耳之花小而聚集成球状[下图]，因无鲜艳颜色，往往为人忽视。夏秋开花时，往往植株上部有花，而中部已有未成熟的绿色带刺果实。苍耳果实和幼苗毒性较大，特别是春季生出的幼苗[上图]，若不慎作为野菜误食，有可能危及生命。

者能士。此作所言，应是西周之事，却难以考证是哪一位周王及后妃，只是自西汉以来，士大夫多认可“卷耳”指代君子求贤臣之说。南宋真德秀有诗句言“应念臣劳如卷耳，欲将厚意酌金罍”，即用此意，臣子尽心竭智，当如《卷耳》之诗那般为君王所敬重，金罍酌酒，以为犒赏。

归来烂熳煞苍耳

先秦时所谓的“卷耳”，古时儒者并医家，大都以为即是四野均可见到的野草苍耳。《尔雅》之中称之为菤耳，又名苓耳，《广雅》则记其别名曰枲耳，后又传作葈耳——之所以有“耳”名，是因“形如鼠耳”之故。何处如“鼠耳”古人并未言明，以其他略似鼠耳的野草得名而揣度，当是指嫩叶初生时多被茸毛，而作蜷缩之状，多少形如鼠耳了。古时幽州人又呼此物为爵耳，则因其叶未全然开展时，似酒器爵之侧耳，故名，抑或根本这就是“卷耳”的转音讹传。

后汉东吴陆玑称此物又名耳珰草，约略是因果实初生，形如妇人所佩耳珰之故。至于如今通行的苍耳之名，陶弘景称，“伧人皆食”，所以名“苍”，伧人即为粗鄙之人，古时民间穷苦人之，或逢灾荒之年，便采撷苍耳为食。又有一说因果实颜色苍绿，故而得名，这也颇合情理。

苏辙一家原是蜀人，少年时多食稻米，而少食麦粟之类，后来四海漂泊，居于颍川之时稻少麦多，“人言小麦胜西川，雪花落磨煮成玉”，乃作《逊往泉城获麦》长诗。因久旱无雨，麦亦难收，故而沦落到了“归来烂熳煞苍耳，来岁未知还尔熟”之境地。《救荒本草》记苍耳食用之法：采嫩苗叶煠熟，换水浸去苦味，淘净，油盐调之；又用苍耳子去皮磨面，做烧饼或蒸食。明清两代所遗古籍之中，大凡言及卷耳或苍耳，所绘图形，与今之苍耳甚是相符，当为同种类植物无疑。

然而古人取食苍耳之说，却令今人疑惑。苍耳毒性颇强，果实及幼苗尤甚，近现代逢着饥荒，民间采掘野菜，多有误食苍耳中毒身亡者。于是今人先是以为，古时所谓苍耳，与如今苍耳并非一物，却因见着古籍绘图，置疑终究消散下去。许是古人食苍耳之量甚微，抑或沸水猛焯，复以在冷水中久浸，毒性好歹祛除了些许。况且古时以为苍耳“滑而少味”，并非什么味美野菜，以此为食，大多是贫苦人家无奈之举。继而又有人揣测，《诗经》之卷耳，并非指苍耳而言。如今别有植物正式名叫作“卷耳”，确与苍耳无涉，甚至亲缘关系亦较疏远。苍耳有毒，不可多食，古人“采采卷耳”，采来有毒的苍耳何用？我亦与众师友议过此节，听闻一说法，以为颇有道理：采采卷耳，又未说采来一定食用，也或许是作为药材呢？正如诗经之中的“采采芣苢”，所采的车前子，也是用来当作药物，助妇人生出男婴的。

黄沙漫道路　苍耳满衣裳

苍耳可谓我在幼年时就已熟识的数种植物之一，彼时并不知晓什么君臣相得的大义，亦从未见长辈将之当作野菜，我所熟悉的，乃是苍耳那刺球一样的果实。相传古时有中原人驱羊入蜀，苍耳附着于羊毛之上，使流入中原，故而民间亦称之为“羊负来”。果实上的尖刺先端略具小钩，枝枝棱棱的模样，也被古人称作“道人头”，起初我不甚理解，以为是指果实的形状似道人发髻，后来旅途经过风陵渡时，遇一云游道士，蓬头垢面，权以树枝代簪，挽了头发，胡乱盘在一处，我才骤然领悟了“道人头”这别名是何等象形。

男孩子顽皮，深秋抑或初冬，刻意摘了苍耳果实来，满满地挂在左手袖口，仿佛携了满壶雕翎箭，架鹰驱狗，前去围猎的纨绔少年。趁人未留意时，远远地掷一枚苍耳过去，大喊一声“看镖”或是“看暗器”，很有些武林侠客的自我满足感。更顽劣的恶作剧，是将苍耳投掷到女孩子的头发中——彼时女孩往往扎着辫子，间或遇到有谁卷发垂曼，披散肩头，如洋娃娃般飘逸光鲜，那便注定成为其他小孩子们仰慕的对象，也必然成了投掷苍耳的靶场。苍耳果实钻进头发之中，需细心拣出，稍一急躁，就会扯疼了头发，有时竟会惹得女孩子大哭起来。因着投掷苍耳，一众调皮男孩总免不了受些教训，呵斥抑或挨打，但转过天来，照例去采苍耳，照例四下乱扔一气。仅有一次，我依稀记得学校里邻班的女孩，因苍耳缠绕在头发里，最终将头发剪掉了少许。肇事的男孩子委实被长辈打得鼻青脸肿来着，然而不知何故，令我难以忘怀的，竟是那剪了头发的女孩，每每遭受其他男孩背后的指点和议论，便回过头来，报以阴翳而哀怨的眼光。

这也难怪古人将苍耳看作恶草了——果实可损牲畜皮毛，植株又径自蔓延四野。李白误入苍耳丛中，“不惜翠云裘，遂为苍耳欺”；文天祥旅途奔波劳顿，“黄沙漫道路，苍耳满衣裳”。纵使

图说

意大利苍耳原产欧洲，近二十余年来在我国各地陆续有发现，它的果实比本土的苍耳大近一倍之多，尖刺更密集，刺上又有小刺，每一株所结的果实也比本土苍耳更多[右图]。意大利苍耳如今在我国已构成生态入侵，冬季的城市中和河滩上，往往不见本土苍耳，仅有干枯的意大利苍耳屹立[左图]，大有反客为主之势。

在干旱荒凉的坡地上，苍耳也可繁茂生长，临近冬日，草木凋敝，唯余刺球状果实，招摇满枝。这还不够，十数年前，我在京郊偶然见了极其肥硕的苍耳，果实比诸寻常苍耳显然粗大，尖刺之上还带着许多细密小刺。我携着这奇异的苍耳跑去请教导师，经了一番查证方知，此物名为意大利苍耳，乃是外来物种。数年之后，这强壮坚韧的外来苍耳，非但已被正式划归外来入侵植物之列，而且竟将本土苍耳的立足之地，近乎抢夺一空。原本于我居所不远，河边荒地，是幼年时采撷苍耳的好去处，去年我偶经此地，但见意大利苍耳的肥大植株，刺猬般傲然站立在荒草丛中，本土的苍耳反而一株也未得见了。

又得知这外来苍耳，非但可随人畜迁移，果实亦可随水流蔓延，又有随园林花木传播的记载，真可谓无孔不入，我虽并非如何心怀天下、忧国忧民之人，也到底难免为之担忧起来。近日见有人倡议，称如今的小孩子已不知自然何物，应以旧时玩物，引导小孩子们重识自然，倡议之中提及的范例即有苍耳，然则附属的照片赫然是意大利苍耳。野草生灭，有时人力难及，况且今人即将失却的，又何止是本土的苍耳这等无足挂齿的野草而已呢？看了那意大利苍耳的图片好一阵子，我低沉地叹了口气，口中嗫嚅着念出了一句："我姑酌彼兕觥，维以不永伤。"

后记

我于草木略识，虽亦栽种，颇无法度，至于其名由来，并传说故事，乃至诗文，皆一己之好，于前人书中翻得而已。此番作草木杂文数篇，其间引述，或因查之不详，字句有误，倘有如此，诚致歉意。至于古人情由，演绎杂说，或断章取义，或移花接木，或臆断曲解，仅作一家之言，望诸君笑而释之，莫作深究。

北京师范大学生命科学学院刘全儒先生乃我恩师，既教授草木识别之法，于植物文化之关联亦予我颇多教导，今拙作既成，须诚挚致谢。周玉琳女士、Hao Chen先生于草木命名、诗文故事等予我指导；吾友陈亮俊、王晓申、王元天、林语尘、彭鹏诸君，或时时指点，或代查古籍，或答疑解惑，或不厌其烦与我商议行文大义并诸般细节；商务印书馆余节弘先生不以吾文粗鄙，且苦候一岁之久，竭力促成此书面世。在此深谢以上诸位。

书中绘图，皆为吾友张瑜所赐，绘艺精湛，已属难能，又颇识草木，故可描摹其细节，乃至传神，尤为可贵。赠图之德，再度拜谢。又文中言及台湾林春吉先生指点龙潭荇菜一事，吾赴台岛，蒙林先生鼎力相助，方得窥此花芳容，亦于此诚挚致谢。

王辰

甲午年榴月十四于京